THIS WORLD

三味◎著

不 会 辜 负 你 的 努 力

这个世界

LIVE UP TO
YOUR EFFORT

民主与建设出版社
·北京·

©民主与建设出版社，2024

图书在版编目(CIP) 数据

这个世界，不会辜负你的努力 / 三味著. -- 北京：民主与建设出版社，2017.2（2024.6重印）

ISBN 978-7-5139-1404-8

Ⅰ.①这⋯ Ⅱ.①三⋯ Ⅲ.①成功心理 - 通俗读物 Ⅳ.①B848.4-49

中国版本图书馆CIP数据核字（2017）第030180号

这个世界，不会辜负你的努力

ZHE GE SHI JIE，BU HUI GU FU NI DE NU LI

著　　者	三　味	
责任编辑	刘树民	
出版发行	民主与建设出版社有限责任公司	
电　　话	（010）59417747　59419778	
社　　址	北京市海淀区西三环中路10号望海楼E座7层	
邮　　编	100142	
印　　刷	三河市同力彩印有限公司	
版　　次	2017年10月第1版	
印　　次	2024年6月第2次印刷	
开　　本	880mm×1230mm　1/32	
印　　张	6	
字　　数	180千字	
书　　号	ISBN 978-7-5139-1404-8	
定　　价	48.00 元	

注：如有印、装质量问题，请与出版社联系。

目 录
CONTENTS

第二辑 CHAPTER 02

每个人都是第一

目录
CONTENTS

第三辑 CHAPTER 03

帮助别人是种快乐

目录
CONTENTS

第四辑 CHAPTER 04

那个陪你甘苦与共的人

专心走好
自己脚下的路

如果我们在勇过人生的独木桥时，

能够忘记背景，

忽略险恶，

专心走好自己脚下的路，

我们也许能更快地到达目的地。

专心走好自己脚下的路

你的生活是由你的心态造成的，你有什么样的心态就有什么样的生活，你有什么样的选择就有什么样的结果。因此，无论你想成就一项什么事业，心态确实非常重要。

弗洛姆是美国一位著名的心理学家。一天，几个学生向他请教：心态会对一个人产生什么样的影响？

他微微一笑，什么也不说，就把他们带到一间黑暗的房子里。在他的引导下，学生们很快就穿过了这间伸手不见五指的神秘房间。接着弗洛姆打开房间里的一盏灯，在这昏黄如烛的灯光下，学生们才看清楚房间的布置，不禁吓出了一身冷汗。原来，这间房子的地面就是一个很深很大的水池，池子里蠕动着各种各样的毒蛇，包括一条大蟒蛇和三条眼镜蛇，有好几条毒蛇正高高地昂着头，朝他们"滋滋"地吐着信子。就在这蛇池的上方，搭着一座很窄的木桥，他们刚才就是从这座木桥上走过来的。

弗洛姆看着他们，问："现在，你们还愿意再次走过这座桥吗？"大家你看着我，我看着你，都不作声。

过了片刻，终于有个学生犹犹豫豫地站了出来。其中一个学生一上去，就异常小心地挪动着双脚，速度比第一次慢了好多倍；另一个学生战战兢兢地踩在小木桥上，身子不由自主地颤抖着，才走到一半，就挺不住了；第三个学生干脆弯下身来，慢慢地趴在小桥上爬过去了。

"啪"，弗洛姆又打开了房内另外几盏灯，强烈的灯光一下子把整个房间照耀得如同白昼。学生们揉揉眼睛再仔细看，才发现在小木桥的下方装着一道安全网，只是因为网线的颜色极暗淡，他们刚才都没有看出来，弗洛姆大声地问："现在你们当中还有谁愿意走过这座桥？"

　　学生们没有作声，"你们为什么不愿意呢？"弗洛姆问道。"这张安全网的质量可靠吗？"学生心有余悸地反问。

　　弗洛姆笑了，"我可以解答你们的疑问了，这座桥本来不难走，可是桥下的毒蛇对你们造成了心理威慑。于是，你们就失去了平静的心态，乱了方寸，表现出各种程度的胆怯——心态对行为当然有影响的啊。"

　　其实人生又何尝不是如此呢？

　　在面对各种挑战时，也许失败的原因不是势单力薄、不是能力不足，也不是没有把整个局势分析透彻，反而是把困难看得太清楚、分析得太透彻、考虑得太详尽，才会被困难吓倒，举步维艰。倒是那些没把困难完全看清楚的人，更能勇往直前，更容易到达目的地。

顽强生活

人不能只为自己而活，为自己而活在灾难面前容易选择放弃，为亲人而活容易选择坚强。为自己而活的人，他只对自己负责，顺境容易满足，逆境容易丧失斗志；为亲人而活的人，是很难被不幸压垮的。

真不敢相信病榻上的朋友竟气色丰润，像久旱后的荒漠遇甘霖一般。几周之前，她还憔悴不堪、病体恹恹呢！她患了最残酷的那种病，手术后就完全垮掉，每天忧郁地面向窗外，将功能障碍的左臂一点点往上抬。爬山，爬呀爬呀，这样说着说着，眼泪就珠子似的滚出来。

化疗像个纠缠不休的大嘴巴鲨鱼，毫不留情地吞噬着她的头发、她的胃口、她的快乐和好不容易才编织起来的一点点奢望。每天要忍受剜心剖肝的呕吐，还要饮又黑又浓又苦的汤药。她气若游丝地自问：究竟为什么还苦苦撑着？

为了尚未成年的女儿啊！

她将答案清楚告诉我的时候，脸上洋溢着久违的笑容："我终于找到答案了，找到了我必须顽强活下去的理由。"

事情发生在星期天，女儿比平时晚了6个小时来看她。女儿的脸因为赶路热得红扑扑的，她兴奋地诉说着，她自己到姥姥家去过了。那是一条挺远的路，要换乘3次公共汽车，还要走一段路。"妈妈，你知道吗，我买了和以前一样的东西送给姥姥。"从前，朋友经常领着女儿到娘家去。路上，则停在一个小店里，一如既往地买上三种老人最爱吃的食物：一只水晶肘子、一袋冻饺子、一篓红苹果。想不到，孩子都记住了，包括那么复杂的路线。路上车子那么多，女儿刚刚12岁，万一——朋友不敢假设下去。

说到结尾，女儿用手背盖住眼睛，哭了。"妈妈呀，到姥姥家的路上我害怕极了，但我一想到你，胆子就壮了。想我能自己看姥姥了，你一高兴，说不定病就好了！"

朋友泪雨滂沱地哭起来。女儿和她一起在同病魔抗争，女儿那么小，都知道不气馁、不言败，咬紧牙关向困难挑战，她怎么退却了？朋友突然想到命如草芥这句话语，自己视命如草芥，但在亲人的眼里，那小小的草籽也至关重要，与亲人息息相关啊！

我们，原来微小和卑微，原来痛苦和无奈，但却是一粒种，种在亲人的悲欢中。

我们，除了顽强生活之外，找不到任何理由放弃生命。

当不幸来临的时候，每个人都会给自己找一个活下去的理由，如果这个理由只是为自己，在不断出现的不幸面前就会看不到希望，容易选择放弃，最终被压力压垮，被不幸打败。文中的那位朋友，最终找到了"女儿还需要我"，她就挺了过来。朋友的遭遇是不幸的，但她面对人生不幸的态度是可敬的。

常抬头看看

我们对于未来的想象总是没有束缚的。但随着自己日渐成熟，梦想渐渐有了清晰的轮廓，我们知道了还有更多更有趣的事情，因此我们可能继续坚持儿时的梦想，也可能换一个目标。不用担心变化，只要有梦想就是好事。少年，你的梦想还在吗？

今天下午，我太太开车带女儿去学钢琴，顺道送清洁工回家。我因为想听女儿弹琴也就一同前往。

清洁工是南美人，就住在钢琴老师家不远的地方，我原来猜想一定是个杂乱的社区，直到车子转进她家的小巷，才惊讶地发现环境那么美。

斜斜的山坡，街道两边都是白色的独幢洋房。早春，两排行道树刚冒出嫩芽，像是一重重翠绿的纱帘，往山脚延伸过去，并从下面人家的屋顶上，看到更远处点点的帆影和潋滟的波光。

"这里真美，不知道房租贵不贵。"我在车子掉头的时候，对太太说。

我太太一笑："就因为不贵，所以她负担得起；就因为美，所以她宁愿放弃她家乡医师的工作，到这儿当个清洁工。"

她的话，使我想起20年前，初到美国，在弗吉尼亚州开画展的时候，当地的画家朋友曾经请我去一家中餐馆吃饭。

"陈博士，陈博士。"没去之前，就听画家们不断说Dr.Chen，直到走进餐馆，一位领班过来招呼，大家跟他热情地握手，我才发现原来那就是餐馆的老板——陈博士。

陈博士的餐馆很有名，如同他获得博士的学府一样有名。我看得出客人们对他有一种特别的礼貌，但是回想起来，当大家进餐馆前提到"陈博士"的表情，又觉得"有些特别的滋味"。

他们会不会很得意地想："瞧，堂堂一个中国学者，居然在为我们端盘子？"临走，我问陈博士："不知道你主修什么？"

"甭提了，"他笑笑，"全都就饭吃了。"

我从来不认为职业有尊卑贵贱之分，但不知为什么，这20年来，我常想起陈博士。

我想："他在那么著名的学府得到博士，为什么不在自己本行发展？"

我也想："他在中国台湾也是名校毕业，早知有一天会放弃所学，当初何不把那宝贵的留学'名额'让给其他'挤破头的学子'？"

当然，我也知道——如果他没有那大学文凭，便进不了美国名校，留不了学，更留不下来。

20年来，我在美国看到太多，在自己祖国做医师、做工程师、做高级主管的人，到这片"新大陆"落地生根。

一个在美国音乐会上卖力演出的，可能在自己的国家，是音乐或戏剧名师。

一个在杂货铺呼前跑后的，可能原来是大学的教授。

一个每天到不同家庭，为人吸尘扫地、洗厕所的，可能原来是位受人爱戴的医师。

只是，如同我家的清洁工，来到这"金元王国"，就忘了过去的光荣，也忘了年轻的雄心壮志，留下来，甘心做一株小小的草。

无可否认，每个人有他选择的自由，但是如果他能不放弃本行，无论在美国，或回到他自己的国家，不都可能有更高的成就吗？

每年都有些从故乡刚来的留学生来看我，我总在初见面时就问他们："你的折旧率高不高？"

"老师是什么意思？"他们都不解。

"我是问你，会不会满怀雄心壮志地来，最后却无声无息地消失了。"我说。

这时候他们总是毫不犹豫地回答："不可能的，原来的公司还在给我留职停薪。""我的父母急着等我回去。""我只是来学，学成了就回去。"

一两年后，听说他们急于找工作、办绿卡。

再隔几年，圣诞节偶尔会收到他们的卡片，寄自某一个美国的城镇。

怪不得有个漫画，画一架波音747上抛下来许多英雄好汉，落在美国的海域，只见一只只伸出水面的手。漫画的题目是"美国大熔炉"。那许多壮丽可爱的年轻人，不都在这"熔炉"里被融化吗？

小时候，我们会想当医师、当警察、当老师、当大官。

我们一天天长大，一天天认识世界，也一天天认识自己。

我们可能因为功课不够好、身体不够强、耐心不够久、毅力不够坚，使幼年时的梦想，一个个在眼前飞过，又无声地消失了。

只有少数人，能坚持自己，不被环境融化。

各位年轻朋友：你从小到大，是不是好辛苦、念过好多书、考过好多试？你是不是梦想拼进一所理想的大学、梦想出国、梦想深造、梦想创一番事业？

有一天，无论你到了世界的哪个角落，我都建议你常回头想想："我过去的书，会不会白念了？"

我也会建议你常抬头看看——

还有没有当年的梦想在飞翔？

还有没有自己年轻时的壮丽与坚持。

不知道还有多少人记得自己最初的梦想，又有多少人因为路途遥远和艰辛选择了放弃。但是，只要当人静下来思考，承认了自己以前的失败，坚定自己的选择，坚持自己所追求的，不轻言放弃，执着、踏实，这样才能攀岩到人生的最高峰。

自己的路要靠自己走

冯·卡门是20世纪最伟大的科学家之一。我国著名科学家钱学森博士是他的学生。冯·卡门一生艰苦研究，对航空航天技术的发展做出了重要的贡献。

冯·卡门6岁时的一天晚上，大哥不经意地问他："15×15是多少？"冯·卡门边玩边答："225。"二哥接着问："924×826是多少？"冯·卡门头也没抬一下说："763，224。"全家人都发出了惊叹声，但冯·卡门的父亲——莫里斯·卡门教授——却不以为然地说："你们是串通好了在演戏吧？小宝贝，难道你还能心算出来18876×18876是多少吗？"冯·卡门只思索了一会儿就说出了正确答案："356，303，376。"大家欢呼着把冯·卡门抱了起来。

莫里斯·卡门教授决心将儿子培养成材，他找来许多名家的作品让冯·卡门研读。从此，冯·卡门在父亲规划好的道路上走得一帆风顺，1902年获得硕士学位，1908年获得博士学位。

1908年的一天，冯·卡门目睹了法国航空先驱法尔芒又一次打破纪录的飞行。飞行结束后，冯·卡门从人群中挤过去，与法尔芒之间有过一段精彩的对话。

冯·卡门问法尔芒："我是研究科学的。有一位伟大的科学家，用他的定律证明了比空气重的东西是绝对飞不起来的，你能解释一下，飞机为什么会飞起来吗？"法尔芒幽默地回答："是那个研究苹果落地的人吗？幸好我没有读过他的书，不然，今天就不会得到这次飞行的奖金了。我以前只是个卡车司机，现在又成了飞行员。至于飞机为什么会飞起来，不关我的事，您作为教授，应该研究它。祝您成功，再见。"

法尔芒的话令冯·卡门大吃了一惊，他对陪他一起来的一位记者说："现在我终于知道我今后的一生该研究什么了。我要不惜一切努力去研究风以及在风中飞行的全部奥秘，总有一天我会向法尔芒讲清楚他的飞机为什么能上天的道理的。"

正是这次参观把冯·卡门引上了毕生从事航空航天气动力学研究的道路。冯·卡门在经过艰苦的研究后，对航空航天技术的发展有过很多重要的预见，后来都一一成为现实，例如超声速飞行、远程导弹、全天候飞行、卫星……

冯·卡门一生还带过很多弟子。他跟自己的弟子们说："我的老师并不是那些世界级的权威专家，而是一位卡车司机，他的名字叫法尔芒，虽然他从不读书，可是他却教会了我一个令我为之付出一生的人生真理，那就是千万不能盲目相信权威，自己的路要靠自己走。"

很多时候我们会迷信权威，其实权威并不等于真理。在学习过程中，我们可能会迷信一位老师；在工作中我，们可能会迷信一位领导。可是事实上，他们未必正确，我们应该相信自己的眼睛，相信自己的判断。如果在权威面前一味地随声附和，我们只能生在他们的影子里，不但不会发展，而且会更落后。

谁也不会忽略你的美

友情也好，爱情也好，久而久之都会转化为亲情，很多时候，它们是相融难分的。所以，你并不寂寞，因为你有了亲情，你应该是快乐的，幸福的。因为有情，所以别人才不会忽略你的美。

和婉同宿舍的六个女生都来自城市。不用说，婉来自乡下。

进入初夏的一天，同室的雅文从街上买回一条洁白的连衣裙。几个女孩子一下围过去，又捏又揉，争着试穿，赞叹之声不绝。最后，大家商定，她们宿舍的每个人都买一条这样的白裙子。想想看，七个清纯漂亮的大一女生，身着一色的白裙在校园里鱼贯而行，怕是要掀起一场不小的风波呢！她们征求婉的意见，婉从书上抬起眼睛，极不自然地笑笑，未置可否。

两周后宿舍里便有了六条那样的白裙子。只有婉还是那身土里土气的衣服。

她们催婉快些往家写信要钱。写，还是不写？婉心里非常矛盾。她清楚家里的情况，父母能供她考上大学已是债台高筑。180元一条的裙子也许算不上高档，而对于一个贫困的家庭，这个数字意味着什么？一想到父母疲惫的身影，婉怎么也不忍再开口向他们要钱。可婉真的很想拥有一条那样的白裙子，上天赐给她姣美的容颜和亭亭的身材，只要稍做打扮，她马上就能脱颖而出。

信还没来得及发出，却收到了家里的信。父亲说，为了能让婉念完大学，打算让她弟弟辍学，外出打工以贴补家用。婉将刚写好的信撕得粉碎，然后重写了一封，告诉父亲无论如何要让小弟继续上学，她在这儿花不了多少钱，况且期末能拿到奖学金。

信"咚"的一声进了邮筒，关于白裙子的梦想也"咚"的一声沉入海底。

那晚婉失眠了。上铺的雅文睡梦中翻了个身，她的白裙子飘然滑落下来。她轻轻捡起来，那柔软的布料丝一般爽滑，她把它贴在脸上摩挲着。她突然想穿上它试试，哪怕只是一小会儿她也会满足的。这种欲望驱使着她悄悄起床，将那条裙子罩在了身上。她对着月光左看右看，心里不胜惊喜又万分紧张，想在屋里走动走动，又怕惊醒了她们，于是蹑手蹑脚出了寝室。

校园里寂静无人，月华如水倾泻在草坪上，月季花羞涩地打着朵儿。婉穿过红漆长廊，又绕着花坛转了一圈，荷叶边的裙裾在她脚下飞扬。今夜，婉是月宫里出巡的嫦娥。

婉想，她该回去了，她不敢奢望太多的幸福，只这一会儿就够了。婉提着裙裾轻轻上楼，又轻轻开门……

突然"啪"的一声电灯亮了，"这么晚了你……"雅文的话只说了一半。所有的人都已醒来，傻子一样看着婉。婉只觉得脑子"嗡"的一声，接着便是一片空白。雅文反应快，伸手拉灭了电灯，她们又都不声不响地睡下了。屋里恢复了死一般的寂静，婉呆立中央，两眼一闭，那一刻知道了什么叫入地无缝。好一阵子，婉才走到床边，很平静地脱下裙子，叠好放在雅文枕边，之后她钻进被子，蒙上头，这才任泪水恣意流淌。

第二天，雅文她们像是商量好似的，都把白裙子悄悄藏匿了起来，换上了平时穿的衣服。

那以后，原本就孤独的婉更加形单影只。她每天早出晚归，一个人低着头来去匆匆，白天泡在图书馆里，晚上熄灯以后才偷偷溜回宿舍，一整天也难得说上一句话，对任何人都抱着一种敌对情绪，总感到她们都在嘲笑自己。婉想：也许我不该到这里来，我就像花园里拱出的一株玉米，孤零零地立在那儿，浑身上下透着自卑自怜。婉甚至想到过退学。

不过，有一点令婉很感动：这一来，宿舍里谁也没有再穿过一次白裙子。

一个多月后的那个星期天，雅文她们都到街上玩去了，婉像往常一样在图书馆待了一整天。晚上她独坐在花坛旁边，双手捧腮，任思绪与月光一起流淌。这一天是她19岁的生日。回去的时候宿舍里已没了灯光，想必她们都睡下了。悄悄开门进屋，突然一道火光点亮了一支红烛，六个身着一色白裙的女孩围坐在桌旁，望着婉眯眯地笑。桌子上摆着一小盒精致的蛋糕。雅文走过来，将一个包装精美的纸盒递给她说："生日快乐！"婉愣了好一阵子，然后用颤抖的手解开红丝带，打开，是一条和她们身上一模一样的白裙子。

原来这一个多月里，她们牺牲了所有的课余时间，两个到食堂打扫卫生，三个到校门口的餐馆打杂，雅文则找了一份家教。这样辛苦一个月，居然挣到了三百多块。

婉能说什么呢？她什么也说不出口。一切的苦恼都不过是她的自卑罢了。婉将那条白裙子捂在脸上，任泪水把它浸湿……

宿舍里有了第七条白裙子，校园里也从此多了一道亮丽的风景。那以后，她们七个一起参加各种集体活动，一起到校外挣一些微薄的收入。

大学四年，除了那件白裙子，婉的确没穿过一件像样的衣服，但她再也没有因此而自卑过。她曾穿着土里土气的衣服参加过学校的演讲比赛，并取得了名次；也曾穿着母亲手工做的布鞋和系里最潇洒俊朗的男生跳过舞。从来没有谁因为她的衣衫而忽略了她的美。

因为第七条裙子，校园多了一道亮丽的风景，也使得一个女孩快乐起来，一个寝室的人也因为这条白裙子变得更加温馨。一条白裙子，蕴含着满满的友爱，如同它的颜色，纯洁无瑕。友谊是一棵常青树，浇灌它的是出自心田的清泉。朋友之间需要以诚相待，彼此信任，互相包容，更需要互爱互助。

微笑面对困境

如果让我用一个动作传递快乐，我选择微笑；如果让我用一种语言交流感情，我选择微笑；如果让我用一种方式面对生活，我还是选择微笑。

在钢筋水泥的丛林中，很少有人能敞开那扇窗，其实，被你关在窗外的是整个明媚的春天呢！这是我的一位朋友讲给我的故事。我的朋友喜欢养花，尤其喜欢四季海棠，就是那种又被叫作玻璃翠的鲜艳娇嫩的花。他说他原来养它，只是出于一个男子汉喜爱保护美好而弱小事物的本能，而后来，却正是通过这弱小的花儿，使他从消沉中重新振作了精神。

那是一个秋日。他拖着疲惫的身体，走在回家的路上，心中却没有多少回家的喜悦。秋阳暖洋洋地照着，街心花园里，盛开的花丛正在尽情展现着最后的辉煌。而他的心里却泛起了一重深深的悲伤，仅有一个属于自己的房间就可能称为家么！

走进住宅小区，他抬头去望自己住的那栋楼。楼上的阳台十之八九都封闭着，相邻的阳台之间大多还装上了半圆形的铁栅栏。既未封闭也没有隔断装置的只有他和他的邻居了。

这么望着的时候，他猛然惊呆了。他的阳台上，那盆海棠花正灿烂地开着，像一团火，几乎灼伤了他的双眼。

这怎么可能呢！整整半年没人管了，它怎么能够活下来，而且活得那么好呢！

他急切地跑上楼去，打开房门。半年多没人住过的屋内，冷清得近乎死寂。但此时，他心中的落寞消沉之情早已被对那盆海棠花的好奇之情所取代了。他急切地打开通往阳台的那扇门。他无心收拾房间，他要守着那盆海棠，探寻它的秘密。

太阳快要落过西边那栋高层建筑的时候，他听见阳台隔墙那边的门响了一下。接着，阳台上探出半个身子，一只装着挺长一个喷头的洒水壶伸了过来。

这是一位十分漂亮的长发女孩。正要浇花的时候，猛然看见了坐在阳台上的他，愣住了。

他笑了一下，说："你好！"

女孩说："你好。你就是这海棠花的主人吧？你回来的正是时候。暑假结束了，我明天就要返校上学，正愁没人接我的手呢。我爷爷奶奶老胳膊老腿的，我可不敢让他们干这个活儿。"

"可是……我以前似乎没见过你呀。"

"是的，我们搬来才一个月。"女孩告诉他，浇花的任务是老房主家那位大姐走时特意交代的，那把特制的洒水壶也是她走时留下的。

"噢！是那位丑姑娘吗？"他问。

"你认为她很丑吗？"女孩反问道。"我认为能这么关心一盆无人照管的花儿的姑娘绝不是丑姑娘。同样，我想养这种花的小伙子也绝不会是个粗俗的人。"

"哦……"他被噎住了。看来，这是个直率而又机敏的女孩。他有点敏感地问道："她都告诉你些什么——关于我的事情？"

"没有。她只说你出远门去了。可这花多好啊！不能让它枯死，对吗？"

"哦……对的！"他深深地叹了口气，说："可我……我是刚从监狱回来的，你知道吗？"

女孩好奇地睁大了眼睛："怎么啦？"

"过失伤人，入狱半年。"

"哦，过失！"女孩松了口气。"生活中，大大小小谁能没点过失呢。我倒想听听，你的过失是怎么回事——你不介意吧？我们指导老师要求，暑假结束时要交一篇文稿的。我的文章就写的那位大姐交给我的这件既浪漫又美好还带点神秘的事。可我现在还不知道该怎么结束呢。你不愿帮助我吗？"

"嗨，倒成了我帮助你了！"他苦笑了一下，说："我的故事其实很简单，没有一点传奇色彩。我和你一样是学文的。可是也给裹携下海了。结果折了本，背了一身烂账。女朋友又落井下石，撇下我，跟一个大款走了。我很苦闷，借酒浇愁，喝多了，与人发生了点冲突，失手打伤了人。就这样，平平淡淡，没一点意思。"

"是没意思。"女孩说："为此险些毁了自己的一生，不值得。不过，你以后的日子还长着呢，重新开始，一切都来得及的。"

他说："谢谢你的鼓励！你知道我守着这花儿坐了半天，都想了些什么吗？在回来的路上，我对以后的日子依然心灰意冷。可看到这灿烂盛开的花，我感到了无限的温暖。你看，它在夕阳的映照之下真像一团火啊！它就是你和我的老邻居那火热的心啊！它表示着一种温情，一片爱心。它已重新点燃了我对生活的信心。从此以后，我不会再消沉下去了。"

女孩听得挺受感动。她张口刚要说什么，就听那边屋里有了动静。女孩哎呀叫了一声说："奶奶，我今日耽误做饭了，只好劳动您老人家了。哎，多做一份饭啊，我这儿有位新朋友。"

他说："这怎么好，我……"

女孩说："客气什么。我爷爷奶奶前几天还念叨呢，说对门住的也不知道是个什么样的人，什么时候回来了认识认识，也好互相照应呀。"

他没什么可说的了。事实上，他刚回来，家里也确实没有什么可吃的。

女孩说："现在，我来帮你打扫房间吧。"说罢，就抽身回屋去了。

很快，从他的门口，传来了清脆的敲门声。

他打开门。女孩背抄着手，夸张地迈着方步走进门来，俨然一副古代书生的架势，口中诵读着李清照的《如梦令》：

"昨夜雨疏风骤，浓睡不消残酒。试问卷帘人，却道海棠依旧。"

"知否，知否，应是绿肥红瘦。"他接道。

他们相对着哈哈大笑起来。

"自那以后，我再没有发过忧愁。无论多难多苦的事，我都会笑着去面对它。"我的朋友最后说。

生活是一面镜子，你对它笑，它就对你笑，你对它哭，它就对你哭。这是拉伯雷的名言。微笑面对生活，乐观面对困境，这是是一种自信的人生态度，更是一种生活的智慧。微笑着面对生活的人，失去的不仅仅是烦恼，还将赢得全世界。

寻找人生的春天

桑塔亚那跟随知更鸟，离开了美国，去了自己想去的地方，辗转世界各地。他心仪柏拉图、亚里士多德，向往希腊古典传统，对雾霭朦胧下的英伦氛围和神韵尤有领会，以清明的思想与梦幻的诗意，写成巨著《英伦独语》，引领读者走进一个理想的英伦国度。

"我们完全可以依靠本能过上理性的生活，我们也完全可以在大自然的引导下进入祥和之境。"这是桑塔亚那为我们指引的一条通向闲适享乐，同时又是智慧高尚的人生之路。

1912年一个春意盎然的日子，一位年近半百的教授正在哈佛大学讲课，突然一只知更鸟飞落在教室的窗台上不停地欢叫。教授停下来出神地打量着小鸟，这是一只蓝知更鸟，除了淡黄和纯白相间的胸毛外，身体的其余部分几乎全是蓝色，美丽得让人不敢直视……许久，教授才转向学生，轻轻地说："对不起，同学们，失陪了，我与春天有个约会。"说完，他迈着轻盈的步子走出教室，跟在知更鸟的后面走出了校门……

这位教授就是被钱钟书先生归入"五位近代最有智慧的人"之列的西班牙著名哲学家、诗人、小说家及文学评论家乔治·桑塔亚那。

桑塔亚那1863年出生于西班牙，9岁时随父亲移居美国，1882年入哈佛大学读书，1889年获哈佛大学哲学博士学位并留校任教。在长达20多年的教学生涯中，桑塔亚那一直笔耕不辍，出版了多部颇有影响的学术著作，在事业上可谓硕果累累，而哈佛的教职亦可保证他过上无忧无虑的中产阶级生活，可他为什么突然决定离开令人向往的美国、离开大名鼎鼎的哈佛呢，是一时心血来潮，还是深思熟虑？当然是后者。

促使桑塔亚那辞别哈佛和美国的主要原因有两点：首先，桑塔亚那对哈佛素无好感。在他看来，哈佛教育的目的就是为学生毕业后的职业生涯做准备，这与他的教育宗旨极不吻合。其次，桑塔亚那对美国也一直心怀不满。1898年，美国通过与西班牙的战争吞并菲律宾，将古巴划入自己的势力范围，这对于在西班牙度过童年、至今仍保留着西班牙国籍的桑塔亚那来说，无疑是一个无法弥补的伤害。

就这样，桑塔亚那在1912年春天的那个并非偶然的日子，跟随着一只知更鸟，离开了哈佛，离开了美国。

他的第一站是西班牙，可当他回到祖国后，却发现自己早年生活过的土地已变得非常陌生，而亲友们也早已将他当作了"外国人"。无奈，桑塔亚那只好前往浪漫之都巴黎。

1914年7月底，桑塔亚那结束并不浪漫的巴黎生活来到伦敦。此时第一次世界大战爆发，桑塔亚那因战争带来的交通阻隔而滞留英伦，并一住就是5年。这期间，他拒绝了剑桥、牛津等大学的任教邀请，埋首于巨著《英伦独语》的写作。英伦那特有的朦胧雾霭曾让桑塔亚那沉醉，不过敏感的他却渐渐感受到了英国也已慢慢美国化，于是他最终还是选择了离开。

1925年，在漂泊了十几年后，桑塔亚那终于找到了理想的栖居地——意大利的罗马！在桑塔亚那看来，罗马是一座"永恒的城市"，在这里可以让他感到"离自己的过去更近了，离整个世界的过去和未来更近了"。在这里，他开始了安静、祥和的晚年生活，并写下了一部部传世之作。1952年，在罗马的一所修道院的寓所里，桑塔亚那离开了人世，享年89岁。

桑塔亚那终生未婚，他的一生是孤独的，但却享受到了无限的自由。

他用毕生的精力在自然主义与理想主义之间奔走，但他的理想——自然主义并不是一个摇摆于自然和理想之间的点，而是一条发于自然、指向理想的射线。"我们完全可以依靠本能过上理性的生活，我们也完全可以在大自然的引导下进入祥和之境。"这是桑塔亚那为我们指引的一条通向闲适享乐，同时又是智慧高尚的人生之路。

春天就在窗外，每个人都可以走出去与迷人的自然女神相约。朋友，请跟随你的知更鸟，寻找你人生的春天吧！

每个人的生命中都有一只知更鸟，它纯洁、自由、灵动，牵引着你走向灵魂的圣地，寻求生命的真谛。你的生命，你的活法，都在于你的选择。唤醒你生命中的知更鸟，跟随一只知更鸟吧，它会让你的灵魂找到自由生长的土壤，让你的生命绽放出奇异的色彩。

贫困不是抱怨的借口

关爱孩子，并不是无条件地满足他们的物欲，更不能因为自己穷怕了，苦怕了，就满足他的一切要求。不要把自己童年的匮乏投射到他的身上，加倍地补偿给他，也不要因为现在贫穷，而把贫穷的痛苦传给下一代。

杰斯出生在圣彼得堡的一个书香门第，父亲是大学教授。虽然父亲的薪水不低，但一家老老少少十几口人都依赖于父亲。所以，他的家庭并不富裕，虽不至于挨饿，但也常常捉襟见肘。

他至今都记得在他16岁生日的时候，父亲对他说了句"杰斯，生日快乐"。所谓的生日礼物也只是一支很普通的钢笔。而在他生日来临的前一段日子，他有意无意地向父亲透露出想买条牛仔裤的愿望。并在各方面都尽力表现很好。

他本来以为父亲会送给他一条牛仔裤作为生日礼物。可是，事实却让他倍感失落和痛苦，甚至愤怒。在圣彼得堡，男孩子从16岁就意味着是成人了。而16岁生日这天，父母一般都会送孩子一份他渴望的礼物，来作为成人贺礼。

没有得到牛仔裤的杰斯觉得在父母心中他丝毫不重要，被轻视和被抛弃的感觉让他流下了眼泪。杰斯的心思，父亲是明白的。他给杰斯的解释是：一条真正的Levis牌牛仔裤价格高达500卢布，而他的月工资只有200

卢布。如果买一条牛仔裤给杰斯，全家人都会因此受穷受苦一段时间。而他又不愿意去买一条价格便宜但质量低劣的冒牌牛仔裤送给杰斯，尤其不愿意在杰斯16岁生日这个重要的日子里当生日礼物送给他。对于父亲的解释，杰斯根本无法理解，也不愿意去理解。他用眼泪和脸上的表情无声地表达着自己的抗议。父亲并没有安慰他，相反很严肃地对他说："我知道你此时的心情，但别指望我向你道歉。我没有错，只是没有能力满足你的愿望而已。从今天起，你就是大人了，不要轻易掉眼泪，因为它没有任何意义。或许你认为我不是个称职的父亲，那我希望你以后做一个出色的父亲，不要把你现在所承受的痛苦传递给你的孩子。"

"我一定会比你做得好。将来我要做了父亲，我会送他无数条牛仔裤，会满足他所有的愿望，我会让他因为我感到骄傲。"性格倔强的杰斯几乎是一个字一个字地说出这些话来。

"很好，我愿意将你说的这些话看成你的成人宣誓，但愿你不要忘记它，最好铭记在心里。"父亲说完这句话，就去上班了。杰斯站在原地，久久地咬着自己的嘴唇。

虽然是父亲强行把杰斯气愤之下说的一番话看成是他的成人宣誓，但杰斯接受了，他赌气要证明给父亲看。虽然，仅仅16岁，他就发誓将来要做个有成就的人，有成就的父亲，让自己的孩子以自己为骄傲。

当然，他知道这需要异常的努力。他瞒着父亲，到一家机械修理厂打零工，天天冒着被机械弄伤的危险，在那里他赚到了20卢布。对于平时口袋里只有半个卢布（50戈比）或者1个卢布零花钱的他来说，这简直是笔"巨额财富"。他拿着钱跑到商场，牛仔裤的柜台很少有人光顾。他偷偷地看了看标签，最便宜的也要480卢布。他吐了吐舌头，在那一刻，他也理解了父亲的苦衷。

高中毕业后，许多要好的同学去工厂做了工人。这样能减轻家里的负担，也有份稳定的工作，可以真正开始规划自己的人生。而杰斯却执意要去读大学，在他看来，要想改变命运、有光明的未来，读大学是他唯一的捷径。

杰斯从来都没有忘记自己的誓言，要做一个有成就的人。所以，他坚定地要读大学，无论多难都要读。上大学时，杰斯因成绩优异获得最高奖学金，但是钱仍然不够。为此他经常利用暑期勤工俭学，到建筑工地打工，一个月可以挣到300卢布。而开学后，则会找份清洁工的工作。

无论多苦多累，杰斯在学习上从来没有丝毫的懈怠。靠着半工半读，他一直读到博士毕业。既要打工赚钱，又要学习成绩出色，杰斯注定要比别人付出更多。从读大学开始，他几乎很少能睡个痛快觉。在他们那一届的博士生中，身高仅1.62米的杰斯被导师称为"身材最矮但最能吃苦的学生"。

这个叫杰斯的孩子现在的名字是：梅德韦杰夫。2008年3月2日，他胜利当选为俄罗斯新一届总统。在大选结果揭晓的当天晚上，43岁的梅德韦杰夫像个调皮的孩子一样，给圣彼得堡的父亲打了电话，幽默地说："你现在去问问我的孩子们，看看他们是不是为自己的父亲而感到骄傲。顺便说一句，我也和他们一样。"

当年的杰斯早已经理解了父亲。在他看来，16岁生日那天，父亲其实给了他最好的生日礼物——奋斗的最初动力。

我们不能选择自己的出身，贫困也不是我们抱怨生活的理由，更不是我们沉沦的借口。如果我们没有一个有成就的父亲，那就把自己努力打造成一个有成就的父亲。不把自己曾经吃过的苦传递给孩子，爱也足以成为一个人去奋斗的动力。

相信自己的决定

人在旅途，世事纷扰，歧路多变，往往要面对许许多多十字路口、岔路口，是进是退？是走是停？是右拐还是左拐？充满迷惑的人生路上谁都没有向导，一旦遇事常常需要自己拿主意。

美国著名女演员索尼亚·斯米茨的童年是在加拿大渥太华郊外的一个奶牛场里度过的。

当时她在农场附近的一所小学里读书。有一天她回家后很委屈地哭了，父亲就问原因。她断断续续地说："班里一个女生说我长得很丑，还说我跑步的姿势难看。"父亲听后，只是微笑。忽然他说："我能摸得着咱家天花板。"正在哭泣的索尼亚听后觉得很惊奇，不知父亲想说什么，就反问："你说什么？"

父亲又重复了一遍："我能摸得着咱家的天花板。"

索尼亚忘记了哭泣，仰头看看天花板。将近4米高的天花板，父亲能摸得到？她怎么也不相信。父亲笑笑，得意地说："不信吧？那你也别信那女孩的话，因为有些人说的并不是事实！"

索尼亚就这样明白了，不能太在意别人说什么，要自己拿主意！

她在二十四五岁的时候，已是个颇有名气的演员了。有一次，她要去参加一个集会，但经纪人告诉她，因为天气不好，只有很少人参加这次集会，会场的气氛有些冷淡。经纪人的意思是，索尼亚刚出名，应该把时间花在一些大型的活动上，以增加自身的名气。索尼亚坚持要参加这个集会，因为她在报刊上承诺过要去参加，"我一定要兑现诺言。"结果，那次在雨中的集会，因为有了索尼亚的参加，广场上的人越来越多，她的名气和人气因此骤升。

后来，她又自己做主，离开加拿大去美国演戏，从而闻名全球。

自己的事自己拿主意。如果自己遇事犹豫不决，就等于把决定权拱手让给了别人。一旦别人做出糟糕的决定，到时后悔的是自己。自己拿主意，当然并不是一意孤行，而是忠于自己，相信自己。坎坷人生，很多时候我们都要自己拿主意！

衡量自己，妥善选择

人生中，总有一些我们趟不过的河流，但我们完全可以降低目标，等完成低一点的目标后，再去追逐那个较高的目标。这也是一种人生的智慧。

第一次高考，我报的是南开大学，这是我高中时代最神往的高等学府。可惜，我的分数还是差了很多，名落孙山是再自然不过了。无奈之下，我选择了复读，那年的成绩，我略有起色，在班级里也考过好几次前三名，用老师的话说，"如果发挥好的话，能上一个不错的学校。"我也踌躇满志，又选择了那所大学。

当小学教师的父亲对于我第一年报考南开倒是没有什么意见，但听说我复读一年后，还要再报时，专门找我谈心，无论如何也要我报一所省内的重点大学。我坚决不从，记得填报志愿的头天晚上，父亲百般劝阻，和我争执着，声音都嘶哑了。

世界上很多的事情，只要你努力，总会有成功的希望和可能，这是在学校老师一直给我灌输的道理，也是我多年来笃信的座右铭。父亲和我，谁也没有说服谁，最后，作为妥协，第一志愿还是按照我的意愿来报的，不过，在第二志愿上，我遵从父亲的意思，报了一所省内的二流学校。

可惜，事与愿违，当分数单落到我手里时，我明白，我离自己的目标确实还有不小的差距。

那晚，心情糟糕透顶的我关在屋子里喝了平生以来的第一次闷酒。在家里，浑浑噩噩度过一周后，我的心情略微好转了一点，趁着家里人在一起吃饭的时候，我对父亲说："我还要去复读，事不过三，我就不相信我考不上。"

父亲突然惊了一下，夹菜的筷子抖了抖，想说什么，嗫嚅着，又欲言又止了。

学校的复读班还不到开学的时候，家乡的八月，太阳无情地炙烤着大地，气温高得吓人。父亲喊上叔叔，又招呼我说："咱们下河洗澡去吧。"

流经我们村的一条河流，在村东头形成了一个巨大的湖泊，最窄的地方也有五百米，宽处则有数千米。父亲游泳的本领一般，但叔叔却是戏水的高手，他能从湖泊最宽的地方轻松游个来回，村里谁也比不上。

父亲说："来，和你叔叔比一下，你从最窄处游，你叔叔从最宽处游，看谁先到达。"我一听就不愿意了，对父亲说："你明明知道我水性一般，还让我和叔叔比试。"

父亲突然很严肃地说："要是让你练习个半年一年的，你能超过你叔叔吗？"

我不假思索地回答："肯定超不过的，不要说像叔叔那样横渡湖泊了，就是旁边放条小船，让我慢慢趟过去，我估计也难以完成。"

父亲走过来，坐到我的身边，认真地说："是啊，孩子，说的就是这个道理，人生中总有一些河流你是淌不过的。游泳好的人很多，但不是所有的人都可以横渡长江；能登上高山的人很多，但不是所有的人都能攀越珠峰。人生中的很多目标，即使努力，也未必能如期完成，孩子，我们难道不能降低一些目标，等完成这个低目标后，再去追逐那个较高的目标吗？"

我望着宽窄不一的湖面，思索着父亲刚才说的话，心里的某根弦被重重地触动了一下。原来父亲约我出来游泳就是给我讲这个道理啊。我问父亲："那你第一年为什么不给我讲这个道理呢？"

父亲微微一笑说："心中的目标，你总要去尝试过以后才知道远近和难易，既然已经试过了，就可以安排自己的目标和方法。还好，你的分数上第二志愿是绰绰有余的。"

那年九月，我没有再次复读，而是来到省城的大学读书。如今，我毕业多年，年少时候的激情和狂妄洗刷不少，人生的练达和智慧增进许多，无论是考试还是工作，当许多目标摆在面前，我会认真地衡量自己，做出妥善的选择。

欲速则不达，给自己定过高的目标，有时非但不会增加前进的动力，反而会把自己搞得筋疲力尽。所以，试着降低自己的物质目标以及事业野心，有时会带来许多机会，从而更容易获得成功。

另一块钻石

古语有云，失之东隅，收之桑榆。人生道路上，我们往往会错过很多精彩，但是你也别伤心，因为还会有很多其他的惊喜在等着你。不要因为错过月亮而流泪，因为你可能错过群星，怀着乐观的心态，积极地面对生活。

南非的卡布弯，曾是一片一眼望不到边的无垠大漠，除了漫天黄沙，这里连一只鸟也没有。但是有一天，却从这里传出了让人惊异的消息：卡布弯有钻石，有上好的、天下最昂贵的钻石！人们为此而震惊，奔走相告。

很快，这个消息就被第一批勇敢的淘金者所证实。于是，更多的淘金者千里迢迢地涌进了卡布弯大漠。他们或是靠着手工，或是带来了隆隆的大机器。

寂静的卡布弯突然沸腾了，往日渺无人烟的旷野，一下子充满了人声、机械声、牲畜声。随着淘金者的不断涌现，跟随而来的，是为淘金者提供衣食住行的人。修路的、办小诊所的、银行家、电信部门、交通营运商……统统卷了进来。

卡布弯，竟然变得像一口开锅的水，热气腾腾，一下子成了人们实现发财梦的天堂。所有来卡布弯闯荡的人都是那么雄心勃勃、意气风发，谁都准备在这里大捞一把。卡布弯，全世界的人都在拭目以待，注视着这座闪闪发光的钻石城。

然而，一两年过去了，来卡布弯寻找钻石的人，并没有挖到真正有价值的钻石，除了少量的、并不纯正的一点金子，没有一个人见到过钻石。但奇怪的是，却没有人罢手或是离去。欲望的驱使，反而使人们向更深的大漠进军，随着淘金者的奋进，卡布弯的道路越来越长，房子、商店、娱乐场所越来越多。甚至建起了第一所幼儿园，第一所小学校。

几年之后，卡布弯有钻石的谣言终于不攻自破，卡布弯没有钻石，有钻石的说法是一个天大的谎言。人们停止了开采，但这时人们发现，卡布弯已经变成了一个偌大的、生机勃勃、充满浓郁生活气息的城市。

没有钻石，除了没有钻石，这里什么都有。往前看，没有钻石的卡布弯一片光明，到处充满动人的景象，各种商机相互依赖，相互供给，形成了结结实实的生存链条。卡布弯，已经成了一座发展最快的新兴城市、一块宝地，它是那样活跃又充满生机！

没有人因为卡布弯没有钻石而离去。没有钻石的卡布弯，在人们眼里就是一座钻石城，在为这座城市命名的时候，卡布弯的市民一致表决通过，卡布弯，就叫钻石城！

难道不是吗？卡布弯的繁荣、美丽，是卡布弯人亲手开采出来的一块巨大钻石，它闪闪发光、魅力无限。

在这个世界上，有多少乡村，多少城市，有着与卡布弯一样的命运，人们为钻石，为黄金，为美梦来到一片光秃秃的土地上，像是一个童话中的诱惑，最初的梦想虽然类似谎言，却支撑着人们走下去。最终实现的，虽然不是原汁原味的初衷，但却同样值得庆幸，同样会使生活焕发出灿烂的光彩。

每一个人来到世上，都有自己最初的梦想。每个人的最初梦想，到后来都未必能够实现，但每个人的后来，都会变得一样富有。虽然并非那枚想象中的钻石，但是我们寻找乙的路上，常常却得到了甲。这并非意外，而是我们努力的结果。

在人生的路上，当一扇门关闭的时候，上天总会为我们打开另一扇窗。当一件事不再属于我们的时候，另一件事便会主动找上门来，失去一种想念，得到一种幸福。只要去努力，只要勇敢地走下去，我们就会拥有生活的另一块钻石。

奉献出自己的果实

人们通常把那些为人类社会进步事业做出突出贡献的人称为英雄。他们出类拔萃，是民族脊梁，大众楷模，人中精英，从而被人们和历史铭记。

房前有片草地，自从用篱笆圈起来，边上就长了一棵树。由于不妨碍种菜，一直就没动它。后来，菜地荒了，篱笆没了，门前就多出一棵树。孩子两岁时，去了一次乡下，回来问我："妈妈，爷爷院子里有一棵枣树，我们家的这一棵也是枣树吧？"

大人不在意的事，经孩子一问，就显得非常复杂。听儿子的问话，我顿时犹豫起来，我还真不知它是棵什么树。于是每有人来，我便多了一件事，那就是，问他们是否认识那棵树。

一天，农校的一位朋友来，喝茶叙旧之后，我把他引到院子里："这棵树你该认识吧？"他审视了一会儿，说："这是一棵李子树，一看叶子就知道。"当天晚上，我告诉儿子："你有李子吃了，我们家的那棵树是李子树。"

寒来暑往，日复一日，李子树一天天长大。就在孩子上幼儿园小学的那一年，它开花了。此时，适逢父亲从乡下来，他看着房前的李子树，说："今年你们有樱桃吃了，你看你们门前的那棵樱桃树，花开得多茂盛。"

"爷爷，那是棵李子树。"

"傻孩子，李子树什么样子，我能不知道吗？你们家的这一棵是樱桃树。"

被我们叫了3年的李子树，原来是一棵樱桃树。

父亲走后，樱桃花开始飘落，几粒青色的果实开始显露出来。就在儿子等着吃樱桃的时候，不知是因为什么原因，树上看得见的几个果子开始脱落，直到一个不剩。那棵树从此再没人关心。

深秋的一天，房前有人丈量土地，听说开发公司要在这儿盖一栋大楼。一位画线员在那儿喊："这是谁家的核桃树，要移赶快移走，明天挖掘机就来了。"明明是我们家的樱桃树。我从家里出来，说："那是我们家的樱桃树。"

"樱桃树？我没见过樱桃树，还没吃过樱桃吗？那上面明明挂着一棵核桃。"画线员边说，边顺手指向核桃。那儿确实挂着一枚小小的核桃。我们家房前的那棵树，不是一棵樱桃树，它是一棵核桃树。

10年过去了，每次想起我们家的那棵树，心中总有一种说不出的感慨。这棵树多次被我们张冠李戴，最后是它用一枚小小果子，向我们证实了它的真实身份。

它让我知道，作为一个人，你必须奉献出自己的果实，否则没谁会真正认识你。

人生路上，别人不会在意你的努力过程，只会在乎你有没有取得成就。如果没有，没几个人会认识你；如果有，那么你就是大家口中的成功人士！确实如此，自古以来，地球上诞生了那么多的人，被我们认识的都是那些在自己的生命树上，结出果实的人。

在嘲笑中前进的斯蒂芬逊

人生难免有嘲笑，嘲笑也不一定就会产生负面影响，如果把别人的嘲笑当作一种向上的动力，这样嘲笑也可以作为一种养料。我们汲取这些养分，就能在人生路上更好地前行。

1781年，斯蒂芬逊出生于英格兰北部一个叫华勒姆的村庄。父亲是煤矿工人，母亲是家庭妇女，两人都不识字。

斯蒂芬逊和他的父母一样，从未上过学，八岁时就去给人家放牛，十岁时在煤矿上做些零活，十四岁就跟随父亲到煤矿上工。由于家境贫困、出身低微，斯蒂芬逊的童年是在嘲讽中度过的，可他从不把嘲弄当回事。

在煤矿，斯蒂芬逊经历了最艰苦的劳动，于是他下定决心，一定要发明一种能够不用人力运煤的机器。1801年，英国人特勒维制造出第一台蒸汽机车。这部机车在试车时不是在铁轨上，而是在马路上。很多人嘲笑特勒维说："你的火车还不如我的马车跑得好呢。"特勒维一生气，便不再去研制火车了。

斯蒂芬逊却来了兴趣，于是他找到特勒维，要跟他学习研制火车。特勒维说："你如果不怕被人嘲笑，就一个人去研制火车好了，我是再也不会干这样的傻事了。"斯蒂芬逊想，煤矿上的蒸汽机能把深井里的水抽上来，特勒维制造的机车能拉动十几吨重的东西，这力量是从哪里来的呢？他仔细观察，反复思考，悟出了其中的奥妙：火车拉得多、跑得快，全靠"大力士"蒸汽机。

为了掌握蒸汽机的原理，斯蒂芬逊不怕吃苦，长途跋涉，步行1000多公里，来到瓦特的故乡苏格兰，在那里学习研究了一年。斯蒂芬逊在总结和掌握了前人制造蒸汽机车的经验教训以后，终于在1814年制造出了他的第一台蒸汽机车"布鲁海尔"号。

同年七月，斯蒂芬逊进行了第一次试车。这辆火车头运行在平滑的轨道上，载重30吨，牵引着8节车厢，行驶时不会脱轨，但行驶的速度很慢。由于没有装配弹簧，车开起来，震动得很厉害。

有人讥笑斯蒂芬逊："你的车怎么还不如马车跑得快呀？"有的人说："你那玩意儿拉东西不中用，可声音比打雷还响，把牛马都给吓跑啦！"一些原来赞成试验蒸汽机车的官员现在也开始反对了，断言用蒸汽机车做交通工具是不可能的。

斯蒂芬逊并没有因为试车的不理想而气馁，他又对火车头继续进行研究和改进。1825年9月27日，斯蒂芬逊制造的"旅行1号"机车，在斯托克顿·达灵顿铁路上试车。许多人都替斯蒂芬逊担忧，怕他这次的试车再遭失败，但更多的人在等着看他的笑话。

只见斯蒂芬逊操纵着机车，蒸汽引擎吸入大量气体，又放出部分蒸汽，呼呼作响，人们纷纷避闪，老人、妇女和儿童惊恐万分，都认为机车即将爆炸。观察了一会儿，见没有什么动静，才又走近观看。紧随这辆火车之后的是四节由马匹牵引的车厢，上面也坐满了工人，使众人清楚地看到了两者力量的优劣。

这就是世界上第一条公用铁路，而奔驰在它上面的火车，也就是当时轰动了英国和欧美的"怪兽"。这次试车的成功，使铁路运输登上了历史舞台。

然而依然有人惊恐万状。当时，就有美国一家报社发表文章反对火车的使用，但依然无法阻止火车的飞速发展，人类文明的车轮飞速前进。

每个人在生活中都会遇到别人的嘲笑。面对嘲笑，声嘶力竭地反驳无用，因嘲笑而意志消沉无用，只有在嘲笑中正视自己，激励自己，把嘲笑当作动力，用成功回击嘲笑，这才是最好的答案。

华诺密克的气球

日常生活中，我们习惯于用正向思维去思考问题，按照熟悉的常规的思维路径去思考，有时能找到解决问题的方法。然而，也有很多时候，我们利用正向思维却不易找到正确答案，但一旦运用反向思维，常常会取得意想不到的结果。

美国实业界巨子华诺密克参加一年一度在芝加哥举行的美国商品展览会。一次，他的运气仿佛不佳，根据抽签的结果，他的展位被分配到了一个极为偏僻的角落处。所有员工都为这个结果倒吸一口冷气，这个地方是很少有人光顾的，更别说看他们的样品了。鉴于他的运气"糟透了"，替他设计展位的装饰工程师萨蒙逊劝他放弃这个展览，别花那些冤枉钱了，等明年再来参展。

但华诺密克却不以为然，反而对萨蒙逊说："问你一个问题，你认为是机会来找你，还是由你自己去创造呢？"萨蒙逊回答说："当然是由自己去创造了，任何机会都不会从天而降！"华诺密克愉快地说："现在，摆在我们面前的难题，将是促使我们创造机会的动力。萨蒙逊先生，多谢你这样关心我。但我希望你将关心我的热情用到设计工作上去，为我设计出一个美观而富有东方色彩的展位。"

萨蒙逊开始冥思苦想，果然不负重托，设计出了一个古阿拉伯宫殿式的展位，展位前面的大路变成了一个人工做成的大沙漠，当人们从这儿经过时，仿佛置身于阿拉伯世界一样。

华诺密克满意极了，他吩咐后勤主管让新雇来的那254个男女职员一律穿上阿拉伯国家的服饰，特别要求女职员都要用黑纱把面孔下部遮盖住，只露出两只眼睛，并且立即派人从阿拉伯买来6只骆驼来做运输货物之用。同时，他还派人做了一大批气球，准备在展览会上使用。当然，所有这一切都是秘密操作的，任何人不得泄露出去，否则一律开除。

华诺密克的阿拉伯式展位一经做成，就引起了人们的种种猜想，不少人在互相询问"那个家伙想干什么"。更想不到的是，一些记者对这种异想天开的独特造型拍照进行了报道，这更引起了人们的兴趣。

开展后，展览会上空飞起了无数色彩斑斓的气球。这些气球都是精心设计过的，升空不久后便自动爆破，变成一片片胶片纷纷撒落下来。有人好奇地捡起一看，只见上面写着："当你捡到这枚小小的胶片时，亲爱的女士或先生，你的好运气开始了，我们衷心祝贺你！请你拿上这枚胶片到华诺密克的阿拉伯式展位前，换取一枚阿拉伯的纪念品。谢谢你。"

这下，华诺密克的展位前人头攒动，人们纷纷跑过去争相领取纪念品，反而冷落了处于黄金地段的展位。

第二天，芝加哥城里又升起了不少华诺密克的气球，引起更多市民的关注。45天后，展览会结束了，华诺密克公司共做成了2000多宗买卖，其中有500多宗的买卖都超过了100万美元，大大出乎华诺密克最初的预料。而且，据组委会统计，他的展位成了全展览会中光顾游客最多的展位。他的这一"鲜"招，狠狠地挤兑了一回那些因处于黄金地段而多掏管理费的展位。

人生要想有所作为，就离不开创新，而创新的源泉实际上就是突破自我、突破常规思维定式，从思想上首先战胜自己。思考和创新是决定一个人能够成就大事的两大重要习惯，成大事者要注重思维超越，敢于突破经验，创新求变。

认真的力量

认真，就是做任何事情都严谨细致，一丝不苟，决不懈怠。认真是一种精神，一种形象，更是一种力量。纵观古今中外，无论大事小事，要想做得成，莫不需要认真。

1944年冬天，盟军完成了对德国的铁壁合围，第三帝国覆亡在即。整个德国笼罩在一片末日的氛围里，经济崩溃，物资奇缺，老百姓的生活很快陷入严重困境。

对普通平民来说，食品短缺就已经是人命关天的事。更糟糕的是，由于德国地处欧洲中部，冬季非常寒冷，家里如果没有足够的燃料，根本无法挨过漫长的冬天。在这种情况下，各地政府只得允许让老百姓上山砍树。

你能想象帝国崩溃前夕的德国人是如何砍树的吗？在生命受到威胁时，人们非但没有去哄抢，而是先由政府部门的林业人员在林海雪原里拉网式地搜索，找到老弱病残的劣质树木，做上记号，再告诫民众：如果砍伐没有做记号的树，将要受到处罚。在有些人看来，这样的规定简直就是个笑话：国家都快要灭亡了，谁来执行处罚？

然而令人不可思议的是，直到第二次世界大战彻底结束，全德国竟然没有发生过一起居民违章砍伐无记号树木的事，每一个德国人都忠实地执行了这个没有任何强制约束力的规定。

这是著名学者季羡林先生在回忆录《留德十年》里讲的一个故事。当时他在德国留学，目睹了这一幕，所以事隔50多年，他仍对此事感叹不已，说德国人"具备了无政府的条件，却没有无政府的现象"。

是一种什么样的力量使得德国人在如此极端糟糕的情况下，仍能表现出超出一般人想象的自律？答案只有两个字：认真。因为认真是一种习惯，它深入到一个人的骨髓中，融化到一个人的血液里。因了这两个字，德意志民族在经历了上个世纪初、中叶两次毁灭性的世界大战之后，又奇迹般地迅速崛起。

再讲一个关于德国人认真的小故事。

1984年，我国一家柴油机厂聘请德国退休企业家格里希担任厂长。

格里希在上任后召开的第一个会议上，便单刀直入，直奔主题："如果说质量是产品的生命，那么清洁度就是气缸的质量及寿命的关键。"说着，他当着有关领导的面，从摆放在会议桌上的气缸里抓出一大把铁砂，脸色铁青地说："这个气缸是我在开会前到生产车间随机抽检的样品。请大家看看，我都从它里面抓出来了些什么？在德国，气缸杂质不能高于50毫克，而我所了解的数据是，贵厂生产的气缸平均杂质竟然在5000毫克左右。试想，能够随手抓得出一把铁砂的气缸，怎么可能杂质不超标？我认为这不是工艺技术方面的问题，而是生产者和管理者的责任心问题，是工作极不认真的结果。"一番话，把坐在会议室里的有关管理人员说得坐立不安，尴尬至极。

如果说强大的德意志是一个可怕的民族，那么，认真也是一种可怕的力量，它大能使一个国家强盛，小能使一个人无往而不胜。一旦"认真"二字深入到自己的骨髓，融化进自己的血液，你也会焕发出一种令所有的人、包括自己都感到害怕的力量。

认真，难在始终，贵在经常。一时认真并不难，难的是一辈子认真。认真本身就是一种艰苦奋斗，需要付出持之以恒、不怕反复的艰辛努力，需要有锲而不舍、常抓不懈的恒心和毅力。当认真成为一种力量时，就会把平凡简单的事情做到极致，把棘手的难题破解开来，进而达到卓越、走向成功。

必须竭尽全力

人生在世，尽力远远不够，你必须做到竭尽全力。竭尽全力是对自身潜能的最大挖掘，是必要时进行自救的法宝。能处处以竭尽全力的态度工作，即使从事最平庸的职业也能增添个人的荣耀。

在美国西雅图的一所著名教堂里，有一位德高望重的牧师——戴尔·泰勒。有一天，他向教会学校一个班的学生们讲了下面这个故事。

那年冬天，猎人带着猎狗去打猎。猎人一枪击中了一只兔子的后腿，受伤的兔子拼命地逃生，猎狗在其后穷追不舍。可是追了一阵子，兔子跑得越来越远了。猎狗知道实在是追不上了，只好悻悻地回到猎人身边。猎人气急败坏地说："你真没用，连一只受伤的兔子都追不到！"

猎狗听了很不服气地辩解道："我已经尽力而为了呀！"

再说兔子带着枪伤成功地逃生回家后，兄弟们都围过来惊讶地问它："那只猎狗很凶呀，你又带了伤，是怎么甩掉它的呢？"

兔子说："它是尽力而为，我是竭尽全力呀！它没追上我，最多挨一顿骂，而我若不竭尽全力地跑，可就没命了呀！"

泰勒牧师讲完之后，又向全班郑重其事地承诺：谁要是能背出《圣经·马太福音》中第五章到第七章的全部内容，他就邀请谁去西雅图的"太空针"高塔餐厅参加免费聚餐会。

《圣经·马太福音》中第五章到第七章的全部内容有几万字，而且不押韵，要背诵其全文无疑有相当大的难度。尽管参加免费聚餐会是许多学生梦寐以求的事情，但是几乎所有的人都浅尝辄止，望而却步了。

几天后，班中一个11岁的男孩，胸有成竹地站在泰勒牧师的面前，从头到尾地按要求背诵下来，竟然一字不漏，没出一点差错，而且到了最后，简直成了声情并茂的朗诵。

泰勒牧师比别人更清楚，就是在成年的信徒中，能背诵这些篇幅的人也是罕见的，何况是一个孩子。泰勒牧师在赞叹男孩那惊人记忆力的同时，不禁好奇地问："你为什么能背下这么长的文字呢？"

这个男孩不假思索地回答道："我竭尽全力。"

16年后，这个男孩成了世界著名软件公司的老板。他就是比尔·盖茨。

泰勒牧师讲的故事和比尔·盖茨的成功背诵对人很有启示：每个人都有极大的潜能。正如心理学家所指出的，一般人的潜能只开发了2%~8%左右，像爱因斯坦那样伟大的大科学家，也只开发了12%左右。一个人如果开发了50%的潜能，就可以背诵400本教科书，可以学完十几所大学的课程，还可以掌握二十来种不同国家的语言。这就是说，我们还有90%的潜能还处于沉睡状态。谁要想出类拔萃、创造奇迹，仅仅做到尽力而为还远远不够，必须竭尽全力才行。

人的一生中，会有许多的机会和困难，面对如此情况，你是竭尽全力还是尽力而为呢？在今天竞争激烈的社会，你只有竭尽全力去做每件事情，才能有一个好结果和好成绩。成功偏爱那些竭尽全力的人。当我们竭尽全力时，不管结果如何，我们都是赢了。因为竭尽全力所带来的个人满足，使我们都成为赢家。

我们需要一种危机

我们随波主流，从来没有停下来问问自己，这真的是我想要的生活吗？堕落是很容易的。但是如果我们开始改变自己，生活会变得怎么样？你有根据生活经验改变过自己吗？亲爱的你，别再安于现状了。

44岁那年，她下岗了，丈夫一年前也下了岗，儿子正在大学念书，她是家里的顶梁柱，而下岗使她这个家里的顶梁柱遭到了沉重一击。但是她不能倒下，所有的眼泪和痛苦都必须咽下，她还要继续支撑这个家。

她在街上摆了个摊，卖早餐。没下岗的时候，她每天都是7点半起床，不慌不忙的。现在，她必须每天5点前起床，收拾收拾就去摆摊。她的胆子仿佛一下子变大了，以前在单位，大会上领导点她发言，她面红耳赤，心跳加速，说话结结巴巴，惹得哄堂大笑，而摆摊以后，她的嗓门一下子亮起来，对着街上来来往往的人高喊："油条，新出锅的油条啦！""八宝粥，又卫生又营养的八宝粥啦！"有些时候，她还会编出些新词，引得来往的行人不时地将目光投向她，生意自然也不错。邻近摊位的摊主都说她是做生意的料，根本不像个新手。第一个月，她粗粗结算了一下，赚了2300多元，整整比下岗前的工资多1000多元，她显得兴奋异常。虽然比以前累些，但她却很高兴，心里豁亮了起来。

由于生意很好，她一个人确实忙不过来，就说服骑三轮拉客的丈夫跟她一块儿出摊卖饭。丈夫爽快地答应了。夫妻俩同心协力，开始了新的人生旅程。他们从卖油条和粥开始，到租个门面房卖饺子卖小吃，再到开面食加工厂，8年，她从一位下岗女工成为有着800多万元资产的民营企业的厂长。这期间，她遭遇了不少困难，吃了不少苦，但是最终她成功了，被当地政府评为"再就业明星""市三八红旗手"。

在河北省廊坊市，说起她——姜桂芝，人人都竖起大拇指。在接受记者采访、谈到自己的经历时，姜桂芝这位很朴素的女强人说了这样一段话："我实在想不到我的今天会是这么好，以前总觉得自己很平庸，做什么都不成，在单位混口饭吃就满足了。可一下岗，我整个人都变精神了，才觉得自己可以做的事情很多，自己也可以做一番事业。如果不是下岗，恐怕我就浑浑噩噩过一辈子了。"

生活中，有多少人在浑浑噩噩过日子呢？有多少人在安逸的生活中懈怠呢？有多少人认为自己没有什么本事就安于现状、不思进取呢？有些时候，我们需要一种危机，来激发我们自身的潜能，唤醒我们被掩藏已久的人生激情，来实现人生的最大价值。

人的平庸，多数不是因为自身能力不够，而是因为安于现状、不思进取，没有激发自己的潜能，在平淡机械的生活中埋没了自己。不要总羡慕别人头上的光环，其实你也有能力给自己戴上美丽的花冠。

你和别人不一样

世界上只有一个自己，你是唯一的，你是独一无二的，你与别人不一样。与众不同，会使你显得更加出色，更加非凡，只有不同，也正是因为有了不同世界才会丰富多彩。

郑渊洁的一位小读者长大后，开了一家餐馆。他让郑渊洁给他的餐馆取名，郑渊洁笑着说，你是不是想用"皮皮鲁"。他说，当然想，但是不能。郑渊洁问为什么。他说，皮皮鲁是中国几代孩子的童年象征，用"皮皮鲁"作为餐馆的名称，不妥。郑渊洁说，有人已经未经郑渊洁授权就拿"皮皮鲁"作为西餐厅的名字了。他说，拿皮皮鲁当西餐厅的名字，是对皮皮鲁的亵渎，皮皮鲁是中国本土原创最著名的童话人物。用皮皮鲁作为西餐厅的名称，不是亵渎是什么？

这位小读者的餐厅已经经营了3年，在北京已然是赫赫有名的餐馆，每天就餐的人要预约。

郑渊洁有时到他的餐馆坐坐。一次，正逢他检验采购的鲜肉。郑渊洁就向他请教最好的肉用来做什么菜。他说猪排牛排。郑渊洁又问最差的肉用来做什么。他说丸子。

一块一块的肉端上餐桌，必须要经得起食客的检验。只有丸子这种混杂在一起的肉才可以滥竽充数鱼龙混杂。

1992年，美国书评家盖瑞·威尔斯问美国总统克林顿，除了《圣经》，哪本书对他影响最大。克林顿回答是《沉思录》。《沉思录》的作者是古罗马皇帝马可·奥勒留。奥勒留的《沉思录》这样开篇："从我的曾祖父那里，我懂得了不要时常出入公共学校，而是在家要有好的老师。"在家里单独学习是当"牛排"，到了公共学校，就是当"丸子"了。为什么？在公共学校，所有学生获得的知识是完全一样的，知识结构完全一样，是灾难。

个性差异是人类得以进步的基础。千人一面，你中有我，我中有你导致停滞不前。老虎都是一只一只的，豺狼才是一群一群的。

"和别人不一样"是所有杰出人物的特征。

李嘉诚买股票的一个秘诀是：大多数人买什么，他就不买。大多数人不买什么，他就买。

经营人生也是这个道理。成功者都是独辟蹊径，失败者都是随波逐流。

不要当丸子，因为你不是最差的肉。

我们都想要和别人不一样，想要出类拔萃，或者想要目前还触及不到的生活，但生活不会一开始就给你最好的位置，也不会主动拉上你一把，你要么选择承受苦痛往前走，要么选择烂在这片泥沼里。任凭别人议论你的孤僻与不羁，自己毫不在意。你有这样的勇气吗？

每个人
都是第一

每个人都有自己的缺陷，

也有自己的弱点和不足。

我们要做的，

是努力改变我们可以改变的，

接受我们不能改变的。

在自己感兴趣的方面，

做到极致，做成第一名。

每个人都是第一

每个人都有自己的缺陷，也有自己的弱点和不足。我们要做的，是努力改变我们可以改变的，接受我们不能改变的。在自己感兴趣的方面，做到极致，做成第一名。

小时候，看过一篇文章，印象深刻。内容描述一名念小学的女孩，每天，她都第一个到学校，第一个走进教室，等待一天的开始。有一天，她的同学在上学途中遇到她，问她为什么每天都那么早到学校，她带着腼腆的笑容，回答了这个问题。

原来，她的成绩不怎么样，长相也普通，在家排行中间，她从来都不知道"第一名"的滋味是什么。某次，她发现当她"第一个"到教室时，竟意外地获得一种类似"第一名"的喜悦。她很快乐，也有了期待。

她一面走着，一面向同学坦诚她心中的小秘密，周身散发出一股期待及喜悦的光芒。接近教室的时候，她心中甚至升起一种不小的兴奋和快感……不料，她的同学一个箭步往前跨去，扭开了教室的门，"第一个"冲了进去，然后回头望她，露出胜利的微笑。她的光芒顿时隐去，她的心隐隐发痛。她忍住泪水，脱口一句："第一，是我的，你怎么可以……"她说不出下面的话，说不出来了，她连这个"第一"也失去了。

忘了是在几岁时看这篇文章的，只记得当时能感受文中小女孩的心情，因为我也是个始终与"第一名"无缘的人，甚至，因为要配合家里大人的出门时间，连尝尝"第一个"到学校的滋味都没机会。

长大了，更深刻地体会到"第一名"其实已幻化成色彩斑斓的翅膀，在不同的领域中现身：有人在学业上争第一；有人在工作场合中抢头榜；甚至还有人总是缠着恋人，一声一句地问："我是不是你最疼爱的人？"

记得有一回，朋友慧曾经痛心地对我说，她没办法同时拥有两个好朋友，因为在一个空间中，她只能有一个最爱，因此，她得经常面临抉择的苦痛，而不知道如何去安置两份并列的情感。

乍听之下，也许有人会以为，她指的是异性的恋情，只可惜，真实的状况是，即使是同性友情，也一样令她为难。

我的另一个朋友林，却全然是另一个样：热力四射、才华横溢，经常是社团中令人注目的焦点，可是，在焦点之外，认识林的人几乎都可以感受到他热情的付出。跟年轻朋友通信，是为抚慰年少容易受创的心；主动关怀周遭友人，更是希望在冷漠疏离的生存空间中，注入一丝爱与暖意。

最近，得知他交了女朋友，我忍不住揶揄他："那现在在你心中，我排第几呀？"他想也不想，便答："第一。"我极度不信地看着他，再问一次："怎么可能？少骗人了。"他狡黠地一笑，然后说："当然排第一，另起一行而已。"

我笑弯了腰，不知该怪他狡猾，还是佩服他的机智。的确，在各种排行中，每个人都期望得第一，其实要拿第一也容易，就看你愿不愿意换个角色来看，只要"另起一行"，每个人就都是第一了，而这个世界，自然少了许多莫名的纷争，这不也很好吗？

当一段人生冲上不可逾越的顶点，冲到无法突破的障碍，冲到悬崖旁边之时，我们切不可固执，不可用蛮力冲撞，而是——鼓起勇气，从顶点、障碍、悬崖出转身，掐断路线，另起一行。换个地方，换个角色，重新开辟一条新路，再创一段崭新的人生。

以和待人

几千年前，孔子说过：礼之用，和为贵。在几千年后的今天，"和"仍然寄托着中华民族的美好愿望，更发扬着中华民族的传统美德，甚至在很久以后，人们依然是"和"的追随者。

"小姐！你过来！你过来！"顾客高声喊着，指着面前的杯子，满脸寒霜地说，"看看！你们的牛奶是坏的，把我一杯红茶都糟蹋了！"

"真对不起！"服务小姐赔不是地笑道，"我立刻给您换一杯。"

新红茶很快就准备好了，碟边跟前一杯一样，放着新鲜的柠檬和牛乳。小姐轻轻放在顾客面前，又轻声地说："我是不是能建议您，如果放柠檬，就不要加牛奶，因为有时候柠檬酸会造成牛奶结块。"

顾客的脸一下子红了，匆匆喝完茶，走了出去。

有人笑问服务小姐："明明是他土，你为什么不直说呢？他那么粗鲁地叫你，你为什么不还以一点颜色？"

"正因为他粗鲁，所以要用婉转的方式对待；正因为道理一说就明白，所以用不着大声！"小姐说，"理不直的人，常用气壮来压人。理直的人，要用气和来交朋友！"

每个人都点头笑了，对这餐馆增加了许多好感。往后的日子，他们每次见到这位服务小姐，都想到她"理直气和"的理论，也用他们的眼睛，证明这小姐的话有多么正确——他们常看到，那位曾经粗鲁的客人，和颜悦色地，轻声细气地与服务小姐寒暄。

我们往往欣赏"理直气壮"，却往往忽视"理直气和"的绝妙之处。常言道，有理不在声高，更何况你是否有理呢？反过来，对于别人的无知、粗鲁，我们是以牙还牙，以眼还眼好呢，还是"以柔克刚"呢？别忘了，要用气和交朋友！

人生就像一只苦瓜

很多人不喜欢苦瓜，认为味道太苦；但有些人又非常喜欢吃苦瓜，因为苦过之后余味无穷。苦瓜味苦，但它从不把苦味传给其他食物。用苦瓜炒肉、焖肉、炖肉，其肉丝毫不沾苦味，故而人们美其名曰"君子菜"。

泥土是有一点脾气的，这是苦瓜告诉我们的。苦瓜曾经有一个动听的名字：锦荔枝。望文生义，苦瓜的容貌、滋味应该与荔枝相差不远，但天妒红颜，泥土公公在苦瓜地里睡觉的时候做了一个噩梦，就发脾气，让锦荔枝变成了苦瓜。苦瓜流泪了——为命运的不测。

同是攀缘性蔬菜，苦瓜也像南瓜和丝瓜那样爬藤开花，但苦瓜开的是什么花呀！淡黄色的花朵很小，在阳光下极易被忽视，花瓣张牙舞爪呈锐角形，还散发出一股黏腥的气味。不艳丽不芬芳的苦瓜花，连蝴蝶、蜜蜂都不愿光顾。看到南瓜、丝瓜的藤蔓下一片热闹的嗡嗡声，苦瓜流泪了——为不公平的待遇。

长大成熟的苦瓜满怀热情走进菜场，不幸的是，它再一次遭遇冷眼。对习惯了甜蜜生活的都市人来说，他们不喜欢苦瓜。喜庆宴席上，苦瓜是不能上桌的——大吉大利的好日子，来一盘"苦"味岂不是很扫兴？苦瓜悲愤难抑：我身体里维生素含量丰富，虽味苦但性寒，能消暑去热气。但人们听不进苦瓜的争辩，苦瓜潸然泪下——餐桌之大，为什么容不下一只诚实的苦瓜！

苦瓜入馔，可以炒肉丝，焖火腿，但苦瓜很少直接下锅，要么先在开水里滚一道，要么用盐腌上片刻。被扼杀生机的苦瓜再一次伤心落泪——它是多么渴望在油锅沸腾的瞬间辉煌一次啊！

从幼年到少年，从青年到老年，苦瓜一直在流泪。它的表皮斑驳凹凸，布满颗粒，那是一滴滴泪水凝固而成的。哭到最后，苦瓜的颜色由黄转红，身体如花朵一样绽放开来，味道也变得格外甘美——苦瓜用它生命中最后一滴泪水来证明自己是美丽的、甘甜的、鲜艳的！

回望人生，其实就像一只苦瓜，很多人都是先苦后甜，生命的色彩在暮年灿烂。人生尚如此，为什么不能对苦瓜宽容一些呢？

但愿苦瓜不再流泪。

年轻的我们多么害怕吃苦啊，可等到我们彻底成熟，看过大多的人生百态之后，到大悟大彻一切都升华，也会觉得苦也不太苦，苦也不太差。因为遍尝各种滋味，识得了愁滋味，才道是苦中一点甜，不吃苦哪懂真滋味。

高高低低是人生

人生要留白，要留有一点余地，尽管只有一丝净土，却趣味横生。然此空白并非什么都没有，干干净净。就像文学，不着一字，言有尽而意无穷。留一点空白，这是人生的真理；留一点空白，这是生活的智慧。

一个人办事或说话，都应留点余地。留一条退路，留一片蓝天。

这也是珍惜自己，在了解生命的意义之后，每个人都该这么做。因为这里面有对自己一时莽撞的弥补，有对自己一时糊涂的反思，这样就有了合情合理的退路，很快地便将痛苦转为快乐。寂寞也好，无爱也好，起码面子没有失去。

许多年以前，一位同志请我去他家做客。他请我是有原因的：他的母亲去医院医牙，大概是太紧张的原因，一时晕倒在那张椅子上。

我正在旁边的位子上等待医生为我修补牙齿，于是连忙下来协助大夫将老人扶下来。最后我又将老人送回家去。

老人有心，总想着我，所以打听到我的住处以后，就让她的孩子请我去她家做客。

当时我太年轻，一口气便回绝了。那位同志热情地再三请求，我为了达到不去的目的，竟把话说的又硬又死，一点余地也没有。

这个大千世界有时也真是个小千世界，后来他竟当上了我的姐夫。

每当我走进他家的时候，就想起了我说过的话，脸上总是火辣辣的。

这事给我的撞击特别大。记得我曾经和我的父亲说起过，他说说话一定要留有余地，要给大家也是给自己一个缓冲的机会。

留点余地，有时也是解救自己的一种方式。有时为了一件毫无价值的小事，双方争执得不可开交，此时只要有一人会解救，就完全可以让它从退路上滑下来。谁也不受伤害，大家仍一如既往。

这也是一种修养，也是完成自己的一种方式，把话讲得有些弹性，使别人有一个灵活的安排，大家都没负担，轻轻松松相处，情义会更加深长。

有的人在单位担任要职的时候，从不让自己的思维混乱，他不妨抽空想一下假如有一天工作再有所变化，是不是仍旧能称职？也有的人在单位就是个普通的职员，他从不让大脑僵僵地竖着，他抽空也想一下假如有一天提升了，是否能和领导班子的同志很快适应工作规律。在昨天来的路上再回去容易，可是让职位退回去，似乎心中也不是滋味。但做事留有余地，将永远会是一个明智的人。

假如我们面前有一条大河，阻挡了我们的路。实际上退一步却前进得更快。只是看退路是否宽敞。人注定要走路，路并不在乎在哪个方向，只要是为了达到前方，有路就有希望。

前些日子，邻居夫妻俩在家吵架。另一户热心肠的人赶忙跑来敲我的门，进门气喘吁吁地告诉我，然后让我去劝说一下。

当我推开邻居家门的时候，发现主妇正在收拾自己的衣裳，已经捆了两大包堆放在地中央。又在收拾床罩，摘取窗帘。

我把她悄悄领到厨房，问她这么做的目的是什么？她说想和他分手。我说那你怎么不把"画王"电视装起来？她说那个留给他看吧，否则他晚上会孤单的。我轻轻地推了她一下："你心里还有他呀！"既然感情还存在，就不该分手，否则以后心灵永远难以平静。

她慢慢冷静下来，又和我谈了许多。最后她说，没有办法，话已经说出来了，而且说得很厉害，没有留一点余地。这又使我想起了许多类似这种情况的分手，尽管他们当时分开了，可由于当时留有余地，以至于以后又恢复了感情。看来留点余地确实是门艺术。可是我的邻人把话说得太死，不能顺着余地的滑梯滑下去。

这时我站在他俩身边，柔和地说，一个是添加炉炭的双手，一个是温暖被窝的能源，谁能离开谁呀？他俩很聪明，顺着我的话开始发挥起来。

这样也好，他高一下，她低一回；或是她高一回，他低一下，让矛盾轮回，从心理上得到平衡了。

高高低低的是人生。走到高处时，留点余地给低处；走到低处时，留点余地给高处，这样一生愉愉快快。是花始终开放，是叶始终鲜绿，相依相扶，走完人生的路程。

生活不要安排得太满，人生不要设计得太挤。不管做什么，都要给自己留点空间，好让自己可以从容转身。留一点好处让别人占，留一点道路让别人走，留一点时间让自己思考。任何时候都要记得给人生留点余地，不冒进，不颓废，不紧张，不松懈，得到时不沾沾自喜，失去时不郁郁寡欢，得失之间淡定从容。

生命中的大海

　　宽容，是人不可缺少的品质；宽容之美，亦是生活中不可或缺的景象。尽管人情易反复、世路多崎岖，只要我们时时能以一颗宽容之心待人，何愁世间不能多温暖、人生不能多坦途、社会不能更完美？

　　我读高二的时候，每到开饭，食堂就排着长长的队伍。生性好动的我与同伴肆意打闹，嘻嘻哈哈。

　　突然"啪"的一声，一只饭碗连同刚刚打出来的一团白米饭被我扬起的手打翻在地，我惊呆了。那碗饭的主人——一个高大壮硕的高三男孩看了我一眼，我确信那只是极平淡的一眼。他一声不吭，捡了碗到水龙头下洗了洗，顾自又排队打饭去了。自始至终，他都没吭一声，也没看我第二眼。

　　我不知道他是出于宽容还是蔑视？然而我的心却被深深地震动了。那以后，我再不曾在公共场所打闹过，也再不曾为一点点小事与人脸红脖子粗。

　　如今每当被人"冒犯"时，我总不由地想起那个高高大大的男孩，想起他平静、从容的宽和。

　　世界上最宽阔的是海洋，比海洋宽阔的是天空，比天空更宽阔的是人的胸怀。生活，就是一种体谅，一种理解。懂得体谅，懂得理解，懂得宽容，日子就会温馨，人生也会安宁。真正的宽容不是摆设与表演，也不是退却与懦弱，它是生命中的大海，即便沉默着，也有着涵盖一切和观照一切的深度。

活着，已在天堂

任何一个人，想要懒惰，会有成千上万条理由站在那里响应你、声援你、支持你。不过，残酷的是，由于懒惰，就要甘于贫穷。你要记住，睡懒觉的人，是看不到日出的。

再没有比一个人想要懒惰更好找借口的了。

我每天晚上写作4个钟头。假如我哪次想偷懒，我只需嘀咕一句，"我可能感冒了吧？"我的鼻子就会马上有堵塞感，讲起话来囔囔的。我就可以心安理得地躺上床，吩咐妻子："熬碗姜汤来，给我发发汗。"

我每天中午锻炼一个钟头。我同样只需暗示自己："上午上班干活太累了"，我的全身就会立刻沉重疲乏，昏昏欲睡。

任何一个人，想要懒惰，会有成千上万条理由在那响应你、声援你、支持你。

不过，残酷的是，甘于懒惰，就要甘于贫穷。

美国的石油大亨哈默博士，生前80多岁高龄时，每天还至少工作13个钟头以上，从没有星期天节假日，每每是中午还在北京，晚上已飞抵了巴黎，第二天早晨又下榻在科威特的王宫中。他富可敌国。懒惰者可以为自己辩白说："我今生受穷，死后就能升入天堂了。"

可是，你看那些靠吃苦耐劳成功的人，他们活着时，就已经在天堂里。

懒惰是很奇怪的东西，它使你以为那是安逸，是休息，是福气；但实际上它所给你的是无聊，是倦怠，是消沉；它剥夺你对前途的希望，割断你和别人之间的友情，使你心胸日渐狭窄，对人生也越来越怀疑。所以，赶紧行动起来，千万不要为懒惰找到一点儿借口。

今天可以买什么菜

社会的系统信用和个人的道德自律，是任何法律和制度的基础。没有法律可以建立，制度缺失可以补全，但中国现在缺乏的是信用和道德基础，所以法律可以形同虚设，制度可以执而不行。

4月30日我赶回家，"五一"想吃老妈烧的菜。早上醒来，却见老妈正睁大眼睛对着天花板咬嘴唇想心事。"我不晓得可以给你吃什么菜，肉丸嘛是下脚垃圾肉做的，水产品嘛是福尔马林泡的，牛肉嘛是注水的，咸肉嘛是掺入敌百虫腌的，墨鱼嘛是用硫黄熏的，豆制品嘛是在猪棚边做的，鸡蛋嘛是配好黄粉喂食才有好看的蛋黄的，油条嘛是用地沟油余的，吃牛嘛有疯牛病，吃鸡嘛有禽流感……我真的不晓得该买什么菜。"

如果家庭主妇每天出门买菜前都要在脑子里如此历数一遍，并且要在菜场里时时牢记这样一张已经很长并且还在加长的清单，我想，基本上，她们可以归入脑力劳动者一类。像我老妈这样的家庭主妇最应该明白：现代社会不再自给自足，没有人可以独立地打理好个人生活中的一切，人与人必须互相依赖，人与人必须互相信任。

"信任是经济交换的润滑剂。"诺贝尔经济学奖得主肯尼斯·阿罗说。

"信任是简化复杂的机制之一。"这是德国社会学家卢曼的话。

"没有人们相互间享有的普遍的信任，社会本身将瓦解。几乎没有一种关系是完全建立在对他人的确切了解之上的。如果信任不能像理性证据或亲自观察一样，或更为强有力，几乎一切关系都不能持久。"这是一个世纪前德国古典社会学大师西美尔（George Simmel）的话。

没错，我们对人家用什么肉做肉丸、用什么饲料喂草鸡、用什么油炸油条、在哪里做豆腐一概缺乏"确切的了解"，所以，一口咬下去时，内心饱含着的忧虑（尽管我们没有意识到），原来是对我们这个社会的"系统信任"。

看过弗朗西斯·福山（Francis Fukuyama）教授的一本书，叫作《信任：社会美德与创造经济繁荣》。书里说，信任是从一个规矩、诚实、合作的行为组成的社区中产生的一种期待。福山教授把社会分为低信任的社会与高信任的社会，低信任的社会指信任只存在于血亲关系上的社会，高信任的社会指信任超越血亲关系的社会。他说，在一个时代，当社会资源与物质资源同等重要时，只有那些拥有高度信任的社会才能构建一个稳定、规模巨大的商业组织，以应对全球经济的竞争。

构建"系统的信任"，"应对全球经济的竞争"，普通百姓恐怕想不了那么远，我在想的是，如果我们的信任只存在于血亲关系之上，我是不是应该立即行动起来，组织一个以血亲关系为纽带的小社会，娘舅做肉丸、叔叔腌咸肉、姑妈制豆腐、阿姨喂小鸡、老妈熏墨鱼、我来炸油条。其实，我想的也有点远，因为我老妈此刻面临的现实问题是：今天应该买什么菜？今天可以买什么菜？

"今天买什么菜？"在物质极大丰富、食品琳琅满目的今天，这个问题听起来像天方夜谭，其实是生活在极端体验恐怖中的人们最直率的灵魂道白。中国人的道德素质和生活质量，究竟是上升还是下坠，真让人没有了理直气壮再拍一下胸脯的勇气。

能闻梅香的乞丐

每个人都有自己的芳香。如果你时时刻刻记住人心是香的，那么，香气就会被点燃，像花环一样，散发出美好。内心的芳香，莫过于一个人在为生活与是非追求时，散发出的一种细细的温情与品德。

一个有钱的富人，正在家院的花园里赏梅花。那是冬日寒冷的清晨，艳红的梅花正以最美丽的姿容吐露，富人颇为自己的花园里能开出这样美丽的梅花感到无比的快慰。

突然，门外传来敲门的声音，富人去开了门，发现一个衣衫褴褛的乞丐，在寒风里冻得直抖，那乞丐已在这开满梅花的园外冻了一夜，他说："先生，行行好，可不可以给我一点东西吃？"

富人请乞丐在园门口稍稍等候，转身进入厨房，端来一碗热腾腾的饭菜，他布施给乞丐的时候，乞丐突然说："先生，您家里的梅花，真是非常芳香呀！"说完，转身走了出去。

富人呆立在那里，感到非常震惊。他震惊的是，穷人也会赏梅花吗？这是自己从来不知道的。另一个震惊的是，花园里种了几十年的梅花，为什么自己从来没有闻过梅花的芳香呢？

于是，他小心翼翼地，以一种庄严的心情，生怕惊动梅香似的悄悄走近梅花。他终于闻到了梅花那含蓄的、清澈的、澄明无比的芬芳，然后他濡湿了眼睛，流下了感动的泪水，为了自己第一次闻到了梅花的芳香。

是的，乞丐也能赏梅花，乞丐也能闻到梅花的香气。有的乞丐甚至在极饥饿的情况下，还能闻到梅花清明的气息。

可见，好的物质条件不一定能使人成为有品位的人，而坏的物质条件也不会遮蔽人精神的清明，一个人没有钱是值得同情的，一个人一生都不知道梅花的香气一样值得悲悯。一个人的品质其实与梅香相似，是无形的，是一种气息。我们如果光欣赏花的外形，就很难知道梅花有极淡的清香，我们如果不能细心地体验，也难以品味到一个人隐在外表内部人格的香气。

最可惜的是，很少有人能回观自我，品赏自己心灵的梅香，大部分人空过了一生，也没有体会到隐藏在心灵内部极幽微，但极清澈的内心的芳香。

能闻梅香的乞丐也是富有的人。

现在，让我们一起以一种庄严的心情，走到心灵的花园，放下一切的缠缚，狂心暂歇，观闻从我们内心中流露出的梅香吧！

每个人都有自己独特的香气，我们内心深处的香气，是表现在对美好生活的无比热爱，是对公平和正义的忠诚勇敢，也有可能是对陌生人表达出来的善意微笑，谁能闻得到这些香气，就说明他心灵里有芬芳之花。若是一个内心没有香气的人，他也就闻不到大自然的香气。

防不胜防

韩非子曰："千丈之堤，以蝼蚁之穴溃。"摒弃粗枝大叶，用明察秋毫的锐利眼光去审视每一个小如蚁穴的细节，挽救千丈之堤，也未尝不可！

在美国，每当大雪溶解之后，总是看到许多工人在忙着修补路面。

"下大雪期间，应该行驶的车子特别少，为什么路面反倒破了这么多大洞呢？"某日，我不解地问一位修路的工人。

"这不是被车子破坏，而是遭冰雪侵蚀的。"工人笑着回答。

"那就奇怪了，你们的工程为什么这样不结实？连冰雪都能将路面损坏呢？"我接着问。

"你一定是初到有冰雪的地方吧？"工人放下铲子，指着远方的山头说，"如果有空，你可以到山上去看看，那里有许多比路面结实几十倍的岩石，都因为冰雪的侵蚀而崩裂了。所以你不要以为雪水算不得什么，只要有一点小缝，被它渗进去，就可能会遭到大麻烦，它能够在结冰时膨胀体积，然后一分分地移动岩石，再一块块地将碎石推下山头。渗透、侵蚀、瓦解、崩溃，都是从那些小小裂缝开始的，都是由那些看来不甚稀奇的雪水推动的，我们真是防不胜防啊！"

"谢谢你给我的启示。"我说，"今天我才知道，许多看来不怎么严重的缺失，和不怎么强大的对手，反倒可能给予我们最严重的打击。"

不要忽视看似弱小的对手，因为你很有可能会被弱小的随手所打败。即使你是万兽之王，你也可能会被弱小的田鼠反将一军。强大的对手会令人精神振奋，同样弱小的需要提防警惕。不要忽视看似弱小的对手，随时都有可能令你掉进陷阱而不自知。

讲实话的小男孩

"人不信于一时，则不信于一世"。诚信对一个人而言，有时候与眼前利益相斥，很多人缺失一种长远的眼光来看待诚信，实际上，诚信只有一次，只要你有一次丧失了诚信，你的信任度就会下降，甚至还会出现信任危机。

一位研究经济学的朋友，打电话给我说，他要找10个人，在10个地方做诚信试验，问我能不能帮忙。我说可以，但不知道怎么做实验。朋友说很简单，就是在不同的商店买十次东西，每次买东西都付两次钱，看有多少人拒绝第二次付款，然后把结果告诉他就行了。当然，买东西的钱是朋友给的。

我先走进一家服装店，给孩子买了一件20元的衬衣。付过钱出来后，一会儿我又进去说："对不起，刚才我买衣服忘了给钱。"店主是一位中年妇女，慈眉善目的，看样子是一位好人。我等他说："你已经付过钱了。"可是她只是看着我，不说话。我把手里的衬衣举到店主的面前说："你看，我买的就是这件衬衣。你开价30元，我说15元行不行，你说再加点吧，20元卖给你。我说20元就20元……"我故意仔细描述买衣服的情景，给店主足够的时间和机会。可是她不耐烦地打断我的话说："行，快交钱吧。"我只好乖乖地又一次把20元钱给了她，再去别的商店做实验。

我一连试了9个店主，竟然没有一个人拒绝第二次付款。态度最好的那个，也只是淡淡地说："你真是个好人。"那神情不知道是赞扬还是嘲笑。

　　只剩最后一次了，我想找个熟人试试。大街对面就有一个卖饮料的小店，是我高中时的一位同学开的，老同学和他的儿子正坐在店里。我穿过大街，走进老同学的饮料店，买了一瓶矿泉水就出来了。几分钟后，我再进去说："哎呀，老同学，我刚才买矿泉水忘了给钱。"老同学说："算我送给你喝吧。"我要把试验进行到底，就说："那怎么行？"掏出两块钱递过去。老同学竟然伸手来接，我真不想松手，因为一松手，她在我心里的形象就矮小了。就在那张纸币一半在我的手里，一半在老同学的手里时，她儿子说："妈妈，阿姨不是给过钱了嘛。"老同学的另一只手上，确实握着我刚刚给的两块钱。

　　老同学非常尴尬，不得不松开手。我很后悔用熟人来做实试验，也尴尬地出了饮料店。我刚走到街上，就听到那个讲实话的小男孩在商店里放声大哭，一定是老同学打他了。

　　所谓诚信，就是诚实守信。诚信是人的基本品质，是一种令人敬仰的道德素质。诚信是中华民族的传统美德。孔子曾经说过："人而无信，不知其可。"这一古训作为中国人的信条，流传了千年，激励着一代又一代人为培养诚实守信的良好人格而努力。因此，从现在开始，我们从身边做起，做一个有诚信的人。

文明的力量

　　文明，是历史以来沉淀下来的，有益增强人类对客观世界的适应和认知、符合人类精神追求、能被绝大多数人认可和接受的人文精神、发明创造以及公序良俗的总和。

　　欧洲最北部的国家是挪威，挪威最北端的城镇是洪宁斯沃格，它被称为"欧洲北角"，是欧洲大陆北边的最尽头。这里面对巴伦支海，海那边的北棋冰川上，只有北极熊、雪狐、海豹才能生存。

　　洪宁斯沃格地处丘陵中间，一泓泓清亮似镜的高原湖泊，一片片金黄色的草滩，还夹杂着一丛丛红白相间、不知名字的野花。时值深秋，凄厉的风轻轻掠过，苦涩的雨徐徐飘过，我们已明显嗅到北极冰川肃杀气息。镇上的小旅店大多已关门；成群的驯鹿与终年靠这些驯鹿生活的萨奉人皆已南迁。一周过后，大雪封路，这里便成了旅游禁区。

　　作为欧洲北角的标志，该镇最北端绝崖上有一座高耸的灯塔。灯塔下，咆哮的巨浪将坚冷的岩石劈打得斑驳苍凉。然而，经过无数沧桑岁月。山还是山，海还是海。

　　据说，夏天的太阳整日高悬空中，从不沉落。将天体宇宙映照得通红透亮。洪宁斯沃格全镇共有三百六十多人，小镇又分为参差不齐的十几个独具风情的小渔村。这些小渔村非常现代，水电，路桥十分发达。居民们酷爱大自然，关注环保，无忧无虑，悠闲度日。早上散散步，中午钓钓鱼，晚上再听听音乐，每人的眼睛里都透着一种祥和、安逸、诚实的目光。

我怎么也难以想象，这些与世无争、面色朗润的挪威人，当然还要加上瑞典人、芬兰人、丹麦人、冰岛人、一部分英国人，竟是凶残贪婪的维京海盗后裔。

1200年前，世界最伟大的君主之一——法兰克国王查理曼大帝，有一天早上双眼噙着泪水，望着北方，对部下们说：如何才能使我的子孙，免遭这些维京海盗的袭击？那些不要命的、凶猛剽悍、体魄高大、能耐严寒的野蛮人，以临近欧洲北面的各个荒岛为基地，划着自制的小木舟，成群结队地呼啸上岸，烧杀抢掠。待各王国军队赶来时，他们早已醉醺醺地撤向大海。这种你进我退、你退我进，突如其来、防不胜防的战术持续了多年。欧洲那些养尊处优的君主与主教们实在抵挡不住了，他们决定与维京海盗谈判。

过往的血账一笔勾销，划给他们新的土地，赐予他们更多的钱财，再授予这些船长们一个小国王的王冠与贵族的称号。条件只有一个，就是从此不要再来袭扰他们。

"想当官，杀人放火受招安。"古代中国如此，外国也如此。海盗转眼变成绅士，他们开始从事远洋贸易或航海探险。至今，在北欧各国的博物馆里，还展示着那些曾经令人闻风丧胆的海盗船。从加勒比海到波罗的海，这场野蛮与文明的较量暂时停止了。

来欧洲北角很不容易，要转几次飞机。使馆陪同人员讲，我们是来到此地极少数的中国人。相信不远的将来，中国人的足迹将遍布世界！我更相信，无论他们是因为什么原因出去的，也无论他们出去了多少年，喝了多少年洋酒，他们依然是爱吃中餐，爱舞狮子，爱扎堆，爱在春节时贴上一副吉祥如意的春联。

一天下午，我们与一个北欧国家的渔业部长会谈了很久，下电梯时，看到两个中国留学生站在刺骨的寒风中。看到我们，欢呼雀跃地拉住我们的手，问长问短。他们是学渔业管理的，学习很苦，生活还好，但却感到闷得慌。一听说祖国来人了，就想来听听乡音。事后我才知道，他们在此已站了整整两个小时。

这也是文明的一种力量。

文明是每个人内心美好的向往，它是一种力量，一种爱的力量，一种凝聚的力量。这种力量可以战胜一切不文明的言语与行为；当你拥有了文明，并传递文明时，你会发现自己变得无比的强大！做文明的人，做文明的事，说文明的话，你会发现自己变得特别的快乐和自信！

人之书

一个人就是一本书。读人，比读其他文字写就的书更难。在生活中，每个人都是书，每人又都是读者。

一个人就是一本书。读人，比读其他文学写就的书更难。我认认真真地读，读了大半辈子，至今还没有读懂这本"人之书"。

有的人，在阳光明媚的日子里愿意把伞借给你，而下雨的时候，他却打伞悄悄地先走了。

你读他时，千万别埋怨他。因为他自己不愿意被雨淋着（况且是人家的伞），也不愿意分担别人的困难，你能说什么呢？还是自己常备一把伞吧。

有的人，在你有权有势的时候，围着你团团转，而你离职了，或无权无势了，他却躲得远远的。

你读他时，千万要理解他。因为他过去为了某种需要而赞美你，现在没有那动力了，也就没有必要再为你吟唱什么赞美诗了。在此，你需要静下心来，先反思一下自己过去是否太轻信别人呢？

有的人，在面对你倾诉深情的时候，语言的表述像流淌一条清亮、甜美的大河，而在河床的底下，却潜藏着一股污浊的暗流。

你读他时，千万别憎恨他。因为凡是以虚伪的假面来欺骗别人的人，人前人后活得也挺难的，弄不好还会被同类的虚伪所惩罚，你应该体谅他的这种人生方式，等待他的人性的回归和自省吧。

有的人，在你辛勤播种的时候，他袖手旁观，不肯洒一滴汗水，而当你收获的时候，他却毫无愧色地以各种理由来分享你的果实。

你读他时，千万别反感他。因为有人肯分享你丰收的甜蜜，不管他怀着什么样的心理，都应该持欢迎的态度。你做出一点牺牲，却成全了一个人的业绩，慢慢地，会让他学会一些自尊和自爱。

有的人，注重外表的修饰，且穿着显示出一种华贵，而内心深处却充满了空虚，充满了无知和愚昧，那种文化的形态，常常不自觉地流露在他的言语行动中。

你读他时，千万别鄙视他。因为他不懂得服装是裁缝师制作的，仅仅是货币的标志，而人的知识、品德和气质，却是一个人的真正的人生价值。对于庸俗的人，你可以反观对照一下自己的行为。

读别人，其实也是在读自己。读真、读善、读美的同时，也读道貌岸然背后的伪善，也读美丽背后的丑恶，也读微笑背后的狡诈……

读人，最重要的是读懂怎样为人。

读人，是为了要做一个真正的人。

因此，读人时，要学会宽容，要学会大度，由此才能读到一些有益于自己的东西，才能读出高尚，才能读出欢乐，才能读出幸福。

尽管我还没有读完这本"人之书"，但我会一直努力从各方面去阅读。

人生在世，人这本书，不管爱读不爱读，不管你能读懂还是读不懂，你都要读，都要耐心地读。尽管没什么人能读完这本人之书，但我们会一直努力从各个方面去阅读，先把自己读懂，再去读别人。

专注地倾听

英国神经学家经过研究发现，人类脑部确实需要这么长的时间，去理解和吸收一种知识或者技能，然后才能达到大师级水平。所以生活就是这样，你专注什么，它就给你什么。

有一位长年住在山里的印第安人，因为特殊的机缘，接受一位住在纽约的友人邀请，到纽约做客。

当纽约友人引领着印第安人出了机场正要穿越马路时，印第安人对纽约友人说："你听到蟋蟀声了吗？"

纽约友人笑着说："您大概坐飞机坐太久了，这机场的引道连到高速公路上，怎么可能有蟋蟀呢？"

又走了两步路，印第安朋友又说："真有蟋蟀！我清楚地听到了它们的声音。"

纽约友人笑得更大声了："您瞧！那儿正在打洞，机械的噪音那么大，怎么会听得到蟋蟀声呢？"

印第安人二话不说，走到斑马线旁安全的草地上，翻开了一段枯倒的树干，招呼纽约友人前来观看那两只正高歌的蟋蟀！

只见纽约友人露出不可置信的表情，直呼不可能："你的听力真是太好了，能在那么吵的环境下还听得到蟋蟀叫声！"

印第安朋友说："你也可以啊！每个人都可以的！我可以向你借你口

袋里的零钱来做个实验吗？"

"可以！可以！我口袋里大大小小的铜板有十几元，您全拿去用！"

纽约友人很快地把钱掏出来交给印第安人。

"仔细看，尤其是那些原本眼睛没朝我们这儿看的人！"说完话的印第安人，把铜板抛到柏油路上。突然，有好多人转过头来看，甚至有人开始弯下腰来捡钱。

"您瞧，人们的听力都差不多，不一样的地方是，你们纽约人专注的是钱，我专注的是自然与生命，所以听到与听不到，全然在于有没有专注地倾听。"

其实生活很奇怪，你专注琐碎，生活就会给你琐碎，但如果你专注于你想做的事情，生活就会给你价值、给你意义感，给你力量。一个人知道自己为什么而活，他就可以忍受任何一种生活。所以真正的高手，是专注生活中间他的梦想，而不是他的苦难。

活在当下，活在今天

人生之中，我们唯一可以用的只有现在，只有此时此刻。何必那么在意那些已经过去的开心的或者不开心的事和人，用过去的那些已经过去的事情和自己过不去呢？最后，不要说未来，就连现在也变成了悲伤的回忆。

当他还是一个小男孩的时候，家后面有一大片树林。起风的时候，林中的树叶随风飘飞，有时会飞入厅堂和灶间。于是，他的父亲要他每天上学前将树叶打扫干净。

对他来说，天刚亮就起床扫落叶实在是一件苦差。尤其是秋冬之际，林间的树叶好像互相约定好似的，总是不停地落下来。每天花大量时间打扫落叶，让男孩厌倦不已。但农家的孩子，又怎敢无视父亲的规定呢？

后来，男孩从别人那里得到一个好主意，那就是扫地之前，先将树使劲摇摇，这样就可以将第二天的树叶摇下来。如此一来，岂不省事许多？这个主意令男孩兴奋不已，于是他起了个大早，扫地之前使劲将树摇了又摇。摇到一半时男孩已满头大汗，这才发现摇树比扫地更累，尤其要把第二天的叶子摇落，真不是件简单的事。但男孩毕竟做了一件让自己满意的事，那一天他非常开心。

第二天，他起得更早。谁知他到林间一看，依然是落叶满地。男孩傻了眼，可他还不死心，依然抱着树摇了又摇。但无论男孩怎样用力，第二天清晨，总会看到满地的落叶。

有一天，男孩站在满地落叶中，突然犹如醍醐灌顶般大彻大悟——无论今天怎样用力，明天的树叶还是会落下来啊！那一刻，男孩心中一片澄明，他终于明了，无论未来有怎样远大的梦想，活在当下、活在今天才是生命中最实在的态度。就像佛家所言：饥来吃饭，困来即眠，便是禅了。

人活着，最主要的不是昨天，也不是明天，而是当下。愚昧的人活在过去，平凡的人活在未来，智慧的人活在当下。因为过去已远去，未来太缥缈，现在太宽广，只有当下才是最实在！在当下，即使活不出精彩，也要活出一份平和！活不出随心，也要活出一份坦然！

假如明天就要离开这个世界

假如我明天就要离开，我会微笑着拥抱着我的家人，感谢他们包容了我的任性和坏脾气；假如我明天就要离开，我还会记起我的朋友，轻轻地说声"谢谢你的爱"；假如我明天就要离开，我会记得这个世界的美好。

前不久，美国一家网站贴出这样一道测试题。假如你明天就要离开这个世界，请问：

一、你打算给儿子留下一句什么样的忠告？

二、你最想做的一件事是什么？

三、你想带一件什么东西离去？

该网站说，1902年，弗洛伊德为了寻找人们最本质的向往，设计了这道。今天正好是此题公布一百周年，我们受海伦·凯勒慈善基金会的委托，把它重新公布于众。假若您有兴趣对此做出回答，请留下您的电子信箱，您会收到一件意想不到的礼物。

我没有在网上回答测试题的习惯，也不喜欢读来自虚拟世界的访客留言，更不需要什么礼物。然而，当我看到海伦·凯勒这个名字时，我还是在这道测试题前停了下来。我想，也许我的点击，就是一次慈善行为，因为我知道，在互联网上，有许多网站，你点击它一次，广告商就会多付它一些钱。

我打开测试题，发现已有14358名访客来过这里。为表达对这位世界上最伟大的盲人的敬意，我规规矩矩地按要求作了如下回答：

一、你留给儿子的忠告：做你喜欢做的事。

二、你最想做的一件事：全家所有的人，坐在草地或花园里边野餐边唱歌。

三、你想带走的一件东西：没有。

我的点击是否可以给海伦·凯勒慈善基金会多带来一份收入，不得而知。但是，当我回答完这三个问题后，我心里突然有一种庄严的紧迫感。是的，假如我明天就要死了，我现在会怎样？我还会为追求生命之外的东西而不顾生命本身吗？我还会只顾使用和透支生命，而不知品味与享受生命吗？我还会认为，一个人的身份和价值，取决于他赚钱多少吗？我还会对孩子犯的一个小小的错误喋喋不休吗？

正当我陷入沉思时，儿子放学回来敲门了。我迅速起身，为他打开房门，并摸了一下他的脸蛋。儿子用异样的目光看着我，问，妈妈，你今天怎么了？我没有回答，因为当时我的心已经被那道测试题洗得像雨后的天空一样干净。

前不久，我在整理我的电子信箱时，发现里面有一份贺卡。打开之后，一段彩色文字出现在屏幕上：亲爱的朋友，对这个测试不在于你做出怎样的回答，而在于你是否能用它时时提醒自己。

在死亡面前，物质的东西往往变得一文不值，而过去一直忽略的东西却变得异常重要，如亲情、友情等等。长的是人生，短的是年轻。所有面向死亡的修行，都是为了更好的活着。不要等失去的时候，才觉得要珍惜，善待你身边的所有人或事情。与死亡相比，还有什么值得你留恋执着而放不下的呢？

得利的渔翁

　　活在当下，成本很高，代价很大，其突出表现是"活得很累"。这个累有经济方面的压力，更有精神压力，原因之一是人与人之间存在高度不信任。更可怕的是，这种不信任几乎渗入骨髓，很难改变。

　　去M城的火车今天只有一趟，而且在凌晨1点。好不容易找到一辆的士，但要三倍的车钱，说好了要回载的，待朋友进站之后，一转身，广场上已经空荡荡一片，那车早溜走了。

　　车站是新建的，离市区正好10公里，一条僻静的山区公路连接着两头。天空离奇地发红，很快便下起倾盆大雨。

　　看来我要准备在台阶上蹲一夜了。

　　像聊斋故事一样，远远飘过来一盏红灯，围着站台绕一圈，最后嘎的一声停在了我面前。

　　是一辆出租车。我几乎跳起来，突然斜刺里猛地窜出一条高大的黑影，闪电般钻进车内，转瞬间挟着红灯而去。

　　这天杀的程咬金！

　　正绝望间，那辆车竟然又神秘地掉头返回。

　　车窗摇下，探出一张缀满雀斑的阔脸，冷冷地问："去不去河南岸？车钱一人一半，干不干？"

　　瘦猴似的司机也随声附和："是啊是啊，我今天学雷锋！"

我不得不怀疑这是一个骇人的陷阱。但无论怎样,与人相处或相斗,总比一个人待在雨夜里想象着可能出现的豺狼虎豹和牛头马面要感觉好一点。于是咬咬牙上了车。

车厢很窄,瘦猴左边执方向盘,我坐其右,阔脸居后,彼此间都罩着一道铁丝网。

车开得极快,三个男人分别掏出各自的香烟抽得无声而凶猛。

我已经做好了最坏的打算,如今出租车打劫和被打劫的事报纸上隔三岔五就报道一次,甚至公路旁出现无名弃尸——只要不伤及性命就行,再说我也没带多少钱。

车内一直没有任何语言和行为,只有雨打玻璃叽叽作响。

车还未到河南岸,第一个乘客就下车了,并且随手将车费全部付讫,吹着口哨摇摇晃晃地走了。

真是出门遇见贵人!

我终于轻吁一口气,开始和司机热情攀谈,打算再给他一点车钱。

谁知抵达目的地,司机怎么也不肯多收钱,活脱脱一个君子之态。

呜呼,世界上还是好人多,至少帮我分文不花地渡过了难关。

可惜,我再三感谢之余,画蛇添足地问出一句:"是谁要求的士掉头的?"

"是我",司机尴尬地笑笑,"也是他。三个陌生人在一起,更安全一点。"

原来,我只是一个鹬蚌相防中得利的渔翁。但这足以让人欣慰不已了。

信任的重要性不言而喻,信任对于社会生活,就像空气对于生命一样。现如今,中国社会在很大程度上已经演变成为一个"人人自卫"的社会。更可怕的是,不要相信陌生人,成为这个时代所竭力宣扬的东西。但是事实上,如果轻易地相信别人,又可能会让自己陷入重重困境之中,这确实是一个很矛盾的事情。

一块带有省略号的墓碑

古往今来，能成就一番大事业者，都是善于反思的人。很多时候不是我们能力不行，而是我们不会反思，不会面壁思过。面壁是破壁的基础，破壁的前提是学会面壁。

内德·兰塞姆是美国纽约州最著名的牧师，无论在富人区还是贫民窟都享有极高的威望，他一生一万多次亲临临终者的床前，聆听临终者的忏悔。他的献身精神不知感化过多少人。

1967年，84岁的兰塞姆由于年龄的关系，已无法再走近需要他的人。他躺在教堂的一间阁楼里，打算用生命的最后几年写一本书。把自己对生命、对生活、对死亡的认识告诉世人。他多次动笔，几易其稿，都感觉到没有说出他心中要表达的东西。

一天，一位老妇人来敲他的门，说自己的丈夫快要不行了，临终前很想见见他。兰塞姆不愿让这位远道而来的妇人失望，在别人搀扶下，他去了。临终者是位布店老板，已72岁，年轻时曾和著名音乐指挥家卡拉扬一起学吹小号。他说他非常喜欢音乐，当时他的成绩远在卡拉扬之上，老师也非常看好他的前程，可惜20岁时，他迷上了赛马，结果把音乐荒废了，要不他可能是一个相当不错的音乐家。现在生命快要结束了，一生庸碌，他感到非常遗憾。他告诉兰塞姆，到另一个世界里，他决不会再做这样的傻事，他请求上帝宽恕他，再给他一次学习音乐的机会。兰塞姆很体谅他的心情，尽力安抚他，答应回去后为他祈祷。并告诉他，这次忏悔，使牧师也很受启发。

兰塞姆回到教堂，拿出他的六十多本日记，决定把一些人的临终忏悔编成一本书，他认为无论他如何论述生死，都不如这些话更能给人们以启迪。他给书起了名字，叫《最后的话》，书的内容也从日记中圈出，可是在芝加哥麦金利影印公司承印该书时，芝加哥大地震发生了，兰塞姆的六十三本日记毁于火灾。

1972年，《基督教真理箴言报》非常痛惜地报道了这件事，把它称为基督教世界的"芝加哥大地震"。兰塞姆也深感痛心，他知道凭他的余年是不可能再回忆出这些东西，因为那一年他已是九十高龄的老人。兰塞姆1975年去世。临终前，他对身边的人说，圣基督画像的后面有一只牛皮信封，那里有他留给世人"最后的话"。兰塞姆去世后，葬在新圣保罗大教堂，他的墓碑上工工整整地刻着他的手迹：假如时光可以倒流，世上将有一半的人成为伟人……另据《基督教真理箴言报》报道，这块墓碑也是世界上唯一一块带有省略号的墓碑。

时光如能倒流，我们就会少犯很多错误，就可能采撷人生中最美的果实。但我们的人生是没有回头路可走的，那么我们只有通过不停地反思，避开人生中大大小小的险石，攀登人生最高峰。我们只有通过反思才能清除心中的杂念，理性地审识自己，从而找到自己想要的东西。

等待也是生命的一部分

生命，就是一个漫长的旅程，每一个驿站都是一处风景，每一段旅途都是一种领悟，总有一朵花惊艳了时光，温柔岁月，总有一份遇见，是心上的阳光，所有的经历，都教会我们成长和懂得。

和一位留德的老师谈起他在德国的留学生活。老师说："在德国，因为学制还有一些适应的问题，有些人要一待10年，才能拿到博士学位。"

我说："哇！那好久哦。"

老师笑了笑："你为什么会觉得很久呢？"

我说："等拿到学位回国教书或工作，都已经三四十岁了！"

老师说："就算他不去德国，有一天他还是会变成三四十岁，不是吗？"

"是的。"我答道。

"生命没有过渡，不能等待。在德国的那10年，也是他生命的一部分啊！"老师语重心长地说。

那段谈话，对我的影响很大。

前一阵子工作很忙，有人问我："你要忙到什么时候呢？"

"我应该忙到什么时候？"我反问。"忙碌也是我生活的一部分，重点应在于我喜不喜欢这样的忙碌。如果我喜欢，我的忙碌就应该持续下去，不是吗？"

对我而言，忙碌不是生命的"过渡阶段"，而是我生命最珍贵的一部分。

很多人常抱怨："工作太忙，等这阵子忙完后，我一定要如何如何……"于是一个本属于生命一部分的珍贵片段，就被定义成一种过渡与等待。

"等着吧！我得咬着牙度过这个过渡时期！"当这样的想法浮现，我们的生命就因此而遗落了一部分。

生命没有过渡期，生命也没有多余的等待，你所经历的每一段生活都是有意义的，都是美好的。所以，我们应该努力地让自己喜欢每一个生命阶段、每一个生命过程，因为那些过程本身就是生命，不能重复的生命。

美丽的聪明

古人云：良言一句三冬暖，恶语伤人六月寒。说话是一门艺术，也是一种智慧。一句恰到好处的话，可以改变一个人的命运；一句言不得体的话，可以毁掉一个人的一生。掌握说话的艺术，你才能在社交和办事中如鱼得水。

[1]

有个小女孩儿一心贪玩，居然把她的小狗"贝贝"带进了一家严禁携带小狗入内的商场。小女孩儿只顾与她的"贝贝"说着悄悄话，一点儿也不知道这条规矩，当她上了二楼突然看到墙上"严禁携带小狗入内"的警示牌，才发现小狗已没地方藏，她挺着急，便赶紧乖乖地站好，一边紧搂着"贝贝"一边看着迎面走来的商场的保安，等待着想象中的"狂风暴雨"，不料保安不仅没生气，还笑眯眯地看了看她，问："啊，多么可爱的小狗，它叫什么名字？"小女孩儿轻轻回答："它叫贝贝。"而那位叔叔也就再次笑了笑，摸了摸小狗的头，说："亲爱的贝贝，你怎么糊涂了，我们这儿是不准小狗带小女孩进来的，但既然来了也就不难为你了，请离开时记住，千万别忘了带走你身边的这位小姑娘！"

妙，妙极，叔叔的这段话，立刻给小女孩儿留下了一个终生难忘的美好印象——天！原来，批评也可以是甜的！

[2]

钢琴家梅亚贝尔爱睡懒觉，但妻子总是有办法让他立即起床，这就是在客厅里弹上一段钢琴曲的开头，而每当这时他也就会立即起床，为什么？因为他一向不能容忍任何一段有头无尾的曲子，果然，他走过来接着弹，就这么一弹，一段美妙的旋律也就从指尖上流淌出来，一股脑儿赶走了睡懒觉的困劲儿！

挺喜欢这个"随风潜入夜"式的提醒式的教诲，总觉得包含其间的道理特别迷人，这就是，只有那种能点亮聪明的聪明，才有资格叫作美丽的聪明！

[3]

一天，一个长发披肩的时髦姑娘刚挤上了车，就觉得自己的长发被后边的人拽住了，她使劲拉拉头发，拉不动，显然还被后边的人拽着，于是猛地转身，给了后边那人一记耳光——那是个穿着工装裤长着娃娃脸的打工仔！见打工仔并没赔礼道歉，还红着脸笑，姑娘更气，还骂了句"流氓"，挥手又打了他一记耳光。打工仔仍然没生气，只是用手指了指车门——原来，姑娘的长发是被车门夹住的，姑娘傻眼了，脸唰地红了，可一时语塞，偏偏一句话也说不出来，而打工仔也就看了看她，挺宽容地说了一句，"俺也有姐，可俺姐决不像你这样！"说着转过脸去再没吭声，而姑娘也就看着打工仔宽宽的肩膀，眼泪唰地流了下来，多么宽容的教诲，"姐"和"姐"比，一下子就折服了一个高傲的灵魂!

　　遇到事情时，我们不妨站在对方的角度去思考问题，从对方出发，想想我们这样做了对方会如何想，对此引发的后果，这样我们就能够想清楚，把事情做到最佳。如果养成了这样的思维习惯，在处理很多问题上，就能轻松自如，恰到好处。

更美的光芒

有时候，放手也是一种美丽。放弃是为了下一次的得到，当你放弃了之后你才会注意到身边的风景。

先生曾是一位极有前途的男高音，视歌唱为第二生命。就在演唱技艺日臻成熟的时候，他被确诊罹患了喉癌。

那一刻真是天塌地陷，五内俱焚。我不知道，如果没有了他，我的生活会变成什么样。更难以想象，如果失去声带，不能登台演唱，他的余生又该如何度过。

先生倒笃定，平静地选择了手术。

后来，他悄悄拜师学会了用食管发声。在饭桌上，他对我说的手术后的第一句话声音古怪，但却令我在刹那间热泪奔流。先生说："樱子，以后我不能唱歌了，但还能每天吃你煮的菜，看你的笑容，这真好。"他放弃了自己美好的声带，却牢牢守住一颗同样美好的尘世之心。虽不能再纵情高歌，在满室的静默中我却听到了他生命里最美的旋律。有时候，我们被迫放弃一些弥足珍贵的东西，而心甘情愿地接受不完美，只是为了让生活在苦难的锤炼下闪烁出更美的光芒。

谁说生命中美丽不在那微笑着放手的一瞬呢？

许多东西，我们之所以觉得是必需的，只是因为我们已经拥有它们。当我们清理自己的居室时，我们会觉得每一样东西都有用处，都舍不得扔掉。可是，倘若我们要搬到一个小屋子去住，只允许保留很少的东西，我们就会判断出什么东西才是自己真正需要的。生命之中，有很多看似重要但无关痛痒的东西，放弃它们，我们的生活会更加美丽。

包容的力量

要说服一个人，最好的办法是为他着想，让他也能从中受益。婉转的做法、适当的让步是为人处世的一剂良药，可以让我们在实际生活中获得很好的收益。

一个牧场主人养了许多羊。他的邻居是个猎户，院子饲养了一群凶猛的猎狗。这些猎狗经常跳过栅栏，袭击牧场里的羔羊。

牧场主人几次请猎户把狗关好，但猎户不以为然，口头上答应，可没过几天，他家的猎狗又跳进牧场横冲直撞，咬伤了好几只小羊。

忍无可忍的牧场主人找镇上的法官评理。听了他的控诉，明理的法官说："我可以处罚那个猎户，也可以发布法令让他把狗锁起来，但这样一来你就失去了一个朋友，多了一个敌人。你是愿意和敌人作邻居呢？还是和朋友作邻居？"

"当然是和朋友作邻居。"牧场主人说。

"那好，我给你出个主意，按我说的去做。不但可以保证你的羊群不再受骚扰，还会为你赢得一个友好的邻居。"

法官如此这般交代一番。牧场主人连连称是。

一到家，牧场主人就按法官说的挑选了3只最可爱的小羔羊，送给猎户的3个儿子。看到洁白温顺的小羊，孩子们如获至宝，每天放学都要在院子与小羔羊玩耍嬉戏。因为怕猎狗伤害到儿子们的小羊，猎户做了个大铁笼，把狗结结实实地锁了起来。

牧场主人的羊群再也没有受到骚扰。为了答谢牧场主人的好意，猎户开始送各种野味给他，牧场主人不时用羊肉和奶酪回赠猎户。渐渐的两人成了好朋友。

宽容是一种美德，是一种大智慧，是一种大聪明！有句老话：有容乃大。恰如大海，正因为它极谦逊地接纳了所有的江河，才有了天下最壮观的辽阔与豪迈！像海一般宽容吧！那不是无奈，那是力量！既然如此，何不宽容——即便是与对手争锋时。

传家宝

有很多人认为，做人一定要诚实，不能讲谎话。可是，在生活中，有些谎言是善意的，是美丽的。有时候，善意的谎言能给生命带来新的希望，让人有勇气去面对困难，有勇气去拼搏。

父母亲都下岗了，一家人的生活没有着落，父母着急。

父亲说，我们也开饭店，如今饭店的生意还好。母亲不同意，开饭店要上万块钱，我们哪有那么多钱。可以去借。

若饭店办砸了，拿什么还？到时一家喝西北风去？母亲不同意。这天吃饭时，父母亲又长吁短叹。祖母来了。祖母手里拿只粗瓷花瓶，说我想你们是想开家饭店。没钱先可借钱，饭店万一办砸了，就拿我的古瓶去卖。这古瓶市场上卖二三万元。

这古瓶哪来的？真的这么值钱？父亲激动得声音都颤抖了。娘家陪嫁的⋯⋯这古瓶，我先保管，店办砸了，就找我。

因有了这古瓶，母亲同意父亲开饭店，父亲找亲朋好友借钱，却不如愿。一回趁祖母不在，父亲拿着古瓶去了古董交易市场。不知为什么，父亲没卖古瓶。父亲把那古瓶又偷偷地放回祖母房里。

父亲就在银行里贷款。饭店如期开张了，生意却没想象的那么好。后来生意一天不如一天，再这样办下去，本钱全得亏光。母亲对父亲说，这饭店关门吧。我们求娘把那古瓶卖了，还清债，再干些人力车之类的力气活。父亲说，这饭店不能关门，一关门，几千块钱就全扔水里去了，水漂都不打一个。我想我们还是改卖快餐，现在的人生活节奏那么快，没时间等。再说，那古瓶，娘不肯轻易出手，我也跟娘说过，娘还骂我是败家子，说不到饿死的份儿上，这古瓶决不能卖。祖母想把那古瓶当传家宝，一代代传下去。

祖母去世了，祖母临死前当着母亲的面拉着父亲的手说，这古瓶就传给你了。记住不到万不得已的时候，不能卖这古瓶。父亲流着泪答应了，父亲把古瓶锁在柜子里。

为祖母的丧事又花了一笔钱。家里的日子愈加难过。那天，父亲的钥匙忘了带走，母亲开了柜子，拿着古瓶去了古董市场。母亲问收古董的人这古瓶值多少钱？20元。这古瓶是仿造的。母亲怕那人骗她，又问了几个收古董的人，都这样说，母亲的腿就软了，立都立不稳，泪也掉了下来。但母亲想到父亲知道这古瓶是假的，精神准会崩溃，一定不能让父亲知道，母亲这样想，就擦干泪，急急回到家，把古瓶放回柜子里。

后来快餐店的生意日渐好起来。一年下来，竟赢利3万元。大年夜，父亲对母亲说，有件事我瞒了你。母亲说有件事我也瞒了你。父亲说那古瓶是假的。啊，你原来已知道了？我一直以为你不知道呢！你也知道了？你怎么知道的？父亲也一脸惊诧。我趁你不在时卖过古瓶。我也一样。父亲和母亲都笑了，母亲眼里还噙着泪。父亲抚去母亲的泪，说，其实，这古瓶，是母亲花20块钱买来的。

母亲心里又一阵热，说真亏了娘……这古瓶，我们就按娘的意愿作传家宝，一代代传下去。

人生路上，必须怀揣希望，希望会使我们忘记眼下的失败和痛苦，给自己的人生重新插上飞翔的翅膀。文中的这个古瓶，就是我们一家的希望。当我们身处厄运的时候，当我们一家遭遇各种困难之时，我们想到即使境遇再差，我们还有希望生活下去，因此我们才会去经营饭店，经营生活。也唯有如此经营，我们的生活才会变得更加美好。

第三辑

帮助别人
是种快乐

爱心的传递多像是在编织一条美丽的项链，

它串起了一个个萍水相逢的人，

在漆黑的路上给人以光明，

相互照耀温暖整个人生。

帮助别人是种快乐

禅宗说："爱出者爱返，福往者福来。"在这个世界上，因为有爱所以世界更加美好，接受一份帮助，投成一份笑容，然后让这种爱心传递。温暖世界每一个角落。

他说：人在世上，相识是种缘分，能够帮助别人是种快乐，宏里看世界，微处去做人。

落雪的时候，我特意驱车千里去石家庄为我资助的学生送去棉衣。临别时，男孩怯生生地说："阿姨，不知我将来如何报答你？"我说："我不用你报答，只希望有一天如果你能帮助别人，你一定要帮助他。"

雪花飘飘中，是男孩润红的眼睛。话一出口，我的眼里也满是泪水，多么熟悉的话语，十年前高伯伯这样对我说，事隔多年，我又不觉说给另一个人。

有时候一件事或是一个人能够改变你的一生。

15年前，我从北方的一个小城来天津读书。临毕业时我去探望一个朋友，认识了同病房的高伯伯。他问我："毕业分到哪去？"我说："我已经考进一个大公司，但是要交三千元的跨省费，也许还会回家。"三千元在我那时的眼里简直是天文数字，那是爸爸一年多的工资。我不想再增加家里的负担。高伯伯说："自古就是有福之人多生在大方之地，有机会留在大城市一定不要错过。"我低头不语。高伯伯说："如果是经济方面的困难，我来帮助你。孩子，如果钱能够改变人的命运，那它就派上了用场，失去了机会，你会后悔一辈子的。""谢谢您，那算我借您的，以后我一定会还给您。"伯伯笑笑不语。那时正值春寒料峭，我的心却像一团火在燃烧，萍水相逢却给我改变命运的帮助，事隔多年依然温暖我心。

这样我顺利地进入了一家外资公司，到那年的春节我已攒了1500元，我去看高伯伯，我说："我先还您一半，余下的钱可能会晚一些给您，因为我要继续上学。""孩子，我帮你不是要你还给我，也不需要你报答，只希望有一天你能帮助别人，你一定要帮助他。人在异乡，不要为难自己，有困难告诉我。"

高伯伯平日沉默寡言，除了他住在疗养院，我对他的生活一无所知，后来我去外地工作了几年，回来时高伯伯已不知下落。就这样失去了联系，但他给予我的温暖，使我无论身处何地，无论遇到什么，总坚信人间有爱，窗外依然有蓝天。

去年我在一次招商大会上偶然看见一个名片，集团的名字和高伯伯是一样的。我好奇地打去电话，真是人生何处不相逢，确确实实是高伯伯的公司，原来他已是津城著名的私营企业家。天道酬善，我相信高伯伯会有今天。

多年未见，高伯伯已是满头白发，他说我已成熟了许多。未曾开口，我首先递上1500元，"高伯伯，这是我欠您的钱。""孩子，你有欠我的钱吗？""是的，这一直是我的心病，我欠您的太多。""好吧，既然是孩子的心意，我就收下吧。"我相信高伯伯一定不会忘记的，1500元对于今天已是千万富翁的高伯伯也许微不足道，却依然是我半个月的工资。但我一定要还给他，因为诚信无价。高伯伯说他的公司从很小发展到今天靠的是诚实、信用，一分钱和一万元的业务一样重要。他说公司发展很快，希望我能去帮助他，给我配车配房子工资翻倍，我婉言谢绝了，也许我不愿高伯伯失望，对于美好的情感我希望完美地保留它。

我告诉高伯伯我资助了一个和我一样来自长白山的学生，他很高兴，他说当年他是靠着村里人一勺米一个鸡蛋的积累才得以完成学业，这份淳朴的感情让他一生受益无穷。他说人在世上，相识是种缘分，能够帮助别人是种快乐，宏里看世界，微处去做人。

辞别了高伯伯，外面依然飘着雪花，我的心里却是温暖如春。一件事可以温暖一个人的一生，我真切地感受到，我也把它送给另一个人，我对男孩讲"贫穷不可怕，可怕的是没有追求。相信知识改变命运"。

爱心的传递多像是在纺织一条美丽的项链，它串起了一个个萍水相逢的人，在漆黑的路上给人以光明，相互照耀温暖整个人生。

爱心是人类的一种高尚的情感，一个有爱心的人，才会被别人所爱所尊敬。每个人都有爱心，爱心本身是无价的，它不需要任何回报，它需要的是心心相传，用爱心引发爱心、传递爱心，我们就会生活在爱的世界里。赠人玫瑰，手留余香。奉献爱心，愉悦身心，这也是对自己最好的回馈。

用一切来换回你的光明

原谅那个曾经"不小心"背叛了你的人，因为他的不小心，他深深地愧对你，并乞求你的原谅。肯一生只做你眼睛的人不多，有些东西错过便不会再回来了。

在那个黄昏，一辆失控的车偏离了道路，在急剧而刺耳的刹车声中，我失去了知觉。醒来时，眼前只有无尽的黑暗。

在我意识开始恢复的时候，一种深深的绝望让我感觉不到痛楚。我抱住父亲，放声大哭。我失去了已经四个月的孩子，头部的瘀血破坏了视网神经。那一刻，我几乎绝望，三个月前，我失去了我的爱情，虽然我还没和凯文离婚，但是我知道，那是迟早的事情，因为我不能原谅我的丈夫，在我有了身孕的时候，他却背叛我，而那个情敌竟是我最好的朋友爱丽丝。不管凯文怎样哀求，我还是决定和他分居，等孩子生下来，就和他离婚。我拒绝听凯文和爱丽丝的解释。

出院时，父亲为我找了一个叫安的特护，父亲告诉我："安20岁时，因病失去了语言能力，但她可以听见，你可以和她说话。"我想这是父亲的良苦用心，刻意找了一个这样的女子。

我跟安说："嗨，你好。"安把手轻轻放到我的手上，她的手指，不太像女孩子，有种似曾相识的粗糙感，竟然有些像凯文的手。我苦笑了一下，也许是安太辛苦了，才会有一双男人般的手。忽然无端地对她有了一丝怜惜。我不知我和她谁更不幸，我们都这么年轻，却注定要失去语言和光明。安似乎感觉到我心里的波动，拍了拍我的肩。父亲说："从现在起，安就是你的眼睛了。"安每天早上准时来到我家。慢慢地，我已经能够分辨她的脚步声，和她衣服上淡淡的洗衣水的味道，这一切都让我觉得亲切。我忽然在这样的时候，会想起凯文，想到有一次我和凯文在家里玩捉迷藏的游戏时，我的眼睛被黑色的布蒙上了，我总找不到他，最后他跑到我身边抱住我说："别害怕，亲爱的，就算有一天你真的看不见了，我就是你的眼睛。"如今，当初要做我眼睛的男人，却带走了我心里的一片阳光，而现在，我却真的失去了光明。

也许她从来不知道我在想什么，可每次把手放在她的手中时，我的心是安宁而沉稳的。这个我看不见的女子，给了我一种生命的安全感。

我开始对安有了很深的依赖感，只是她不会说话，我不知道她在想什么。我们只能用我们的手指传递对彼此的那份喜欢、信任和温暖。

安一天天改善着我的心情。我开始对安说一些话，说我成长的一些故事，说我和凯文的相识相爱。但是我不说我和他的分开，不说爱丽丝。安总是安静地听着，偶尔用手梳理我的头发。我喜欢安成为我的快乐、我的眼睛。夏天过去了，我开始对安无话不谈。我说到了爱丽丝，我告诉安，我曾经和另外一个女子，也有过这样好的时光，我说："后来我们分开了，因为有一天，我和她之间，有了伤害。"说这句话的时候，我的心还是疼了一下。安的心在想什么，如果她是我，她会怎么做？第一次，我是那样迫切地想听到安的声音。可是没有，依旧没有声音，我们离得很近，我听得到她的呼吸，不知道为什么，我越来越觉得和安似曾相识。

冬天过去的时候，我终于恢复了视觉。我脑部的瘀血在我心情的逐渐舒畅中慢慢散去，那天早上，我睁开眼睛时，忽然看见了阳光。那种不真实的感觉，让我疑心自己是在做梦，我大声喊着安的名字，却没有看到她。我打电话给父亲："我能看到了，爸爸，我能看到了。"父亲在十几分钟后赶过来，他一把抱住我，我们相拥而泣。

"爸爸，快点告诉安。"我说，"现在，我要好好看看她。她一定会很高兴的。快点告诉她这个消息。"

父亲看着我："别激动，孩子，我会告诉她，我现在就去告诉她。"

那天我等了安整整一天，她没有来。第二天，第三天，安都没有出现。父亲说安去给另外一个人做护理了，没有时间。可是三天后，出现在我面前的，竟然是爱丽丝。我难以置信地看着她，她的目光里有深深的歉疚。

"不，不会的，不会是你。"我喃喃自语。"茜，你听我说，"爱丽丝垂下头去，很长的时间，然后仰起脸来，"对，不是我，可是，你能给我几分钟的时间，让我解释吗？"几分钟以后，我听到了当初伤害我的那件事的原委。那天，爱丽丝失恋了，她无助地哭着去找我，可是那天晚上，我不在。凯文不知道如何安慰她，他们拼命地喝酒。但喝酒不过是借口，凯文也承认，那是人性的缺口，那一刻，他同情满脸泪水的爱丽丝，试图用酒精帮她抵抗痛苦。他拥抱了她，吻了她，用他的身体温暖了她。事情发生以后，他们彼此都对我充满内疚。凯文一直乞求我的原谅，而我是那样固执。

知道我出了车祸，他立刻来请求我父亲的允许，让他来照顾我。爱丽丝说："一直照顾你的人，是他。现在，你还想见到安吗？"

我握在一起的手指，一根根松开来。茫然中，一切开始慢慢变得真实，安的手指，"她"的呼吸，"她"走路的声音……我是刻意让自己忽略了细节的相似。我根本不会想到，"她"会是凯文。我看着父亲，父亲冲我点点头。

"安，不，凯文呢？"我说，"他现在在哪儿？""他依然没有勇气再见到你，可是他愿意用一切来换回你的光明，他说如果你一生都看不到，他愿意一生做你的眼睛。现在，他就在你的楼下。"

我走到窗前，看着窗外蔚蓝的天空。然后，缓缓探下身去，我的眼泪模糊了窗外凯文的身影。

每个人都会犯错，你若真的深爱一个人，无论他以前如何对你，无论他犯什么错，你都会去原谅，甚至为他找理由。你若不爱一个人，可能对方只说错了一句话，就立刻翻脸分手。所以，当一个人抓住你的小错而分手，不是因为你的错，而是因为不爱你。原谅这种事，只和爱的深浅有关。有多少爱，就有多少原谅。

你的故事和你只有一纸之隔

所有的经历都是美好的回忆，因为一辈子就一次不会重复。青春年少的经历，成为现在美好的回忆。回想当时，总是发出愉悦的微笑。我总是在怀念过去。

到了30000英尺的高度，才知道蓝色究竟是怎样一种颜色。视野的下方是闪光的海面，上方是澄澈的晴空。所谓天地，就是这样两片无穷无尽的蓝色。蓝色是关于寂寞和空无的颜色。杰瑞米已经习惯了这样的蓝色。

每天的战斗机巡航任务都是这样，下午4时6分起飞，4时52分返航。以近乎挑衅的300米高度盘旋在海湾上空的时候，可以看见那些日本人蠕蠕地活动在他们的城市。

地速350。时间2分29秒。下降率5.1。飞机平稳着陆。杰瑞米跟着降落，另一架贾斯丁所驾驶的僚机也随即降落。

从机库回宿舍的路上，贾斯丁说："芭娜娜新来了几个不错的姑娘。"杰瑞米笑了一笑："好啊，去看看。"

芭娜娜是个奇妙的地方，那些糊着白纸的精巧的拉门，铺着日本席子的昏暗的小房间，还有和任何西海岸的酒吧一模一样的长吧台和舞池。蹩脚的乐队演奏着艾维斯·普莱斯利的"And I Love You So"。双腿肥胖的日本姑娘们穿着和任何西海岸的姑娘们一样的紧身背心和热裤，专门收驻扎在鹿儿岛的美军的美元。

杰瑞米上一回来这里是将近两年前。他还模模糊糊地记得有个叫作千重的老姑娘，长相和身材都不甚好，然而十分温顺。他向妈妈桑问起千重，妈妈桑使劲想了想，用很糟糕的英语说千重已经走了约莫一年了。

　　杰瑞米随便挑了一个笑起来很秀气的姑娘，他再也没有想起千重这个名字。

　　12年以后，杰瑞米升到了中校，已经接近了战斗机飞行员职业生涯的尾声。每天的战斗机巡航任务还是一样，下午4时6分起飞，4时52分返航。以近乎挑衅的300米高度盘旋在海湾上空的时候，可以看见那些日本人蠕蠕地活动在他们的城市。杰瑞米巡逻在这方天空，一个人飘浮在天与海的蓝色之间。然后他继续加速，把陆地抛在后面，返回海湾那一面的基地。

　　战斗机起飞的时候，下午4时6分，正是当地的中学放学的时间。他在指挥塔上突然发现，在跑道的铁丝网外面有一个小小的人影在跟着战斗机起飞的方向奔跑。是个男孩子，穿着日本的中学制服，跑起来书包在屁股上一拍一拍。战机迅速滑行加速，把孩子远远甩在后面，径自升空。孩子一屁股坐在地上，弓着背，似乎跑得咳嗽起来了。杰瑞米大笑起来，把那个小孩指给调度员乔斯看。乔斯不以为然地喝着咖啡说："天天都看见，有什么好笑的。"

　　第二次杰瑞米周三休假的时候，又看见了那个孩子。这回孩子没有追着飞机奔跑，他呆呆地抓着铁丝网的格子，望着基地里面。杰瑞米干脆从指挥塔下来，沿着草坪向那边走去。男孩已经掉头走远了，杰瑞米只来得及看见他近乎光头的后脑勺上绒绒的黑发。

　　第三次，第四次。杰瑞米已经对那个小孩丧失了兴趣，并开始像乔斯一样不以为然了。只是他偶然在起飞的时候会一闪念想起那孩子是不是也正在追着他的战斗机。这个念头像蜻蜓一样掠过他意识的水面，仅此而已。引擎发出平稳的噪声，巨大的加速度把他向后压在驾驶座上，他以人类不能企及的速度冲向碧蓝的天空，把一个渺小地奔跑着的身影抛在地面上。

又过了三年，杰瑞米终于被调回了美国本土，在41岁生日当天结婚了。杰瑞米就这样平安地老了。从军队退休以后，开车8公里到超市去购物，修剪草坪。和妻子爱丽生吵架并且当晚就和好。女儿莉莉安上了大学以后，他们就去塔希提补过结婚20周年纪念日。

往塔希提的飞机上，杰瑞米回忆起以前在鹿儿岛那个亚洲的小城市度过的时光。他回忆那里几乎永远晴好的天气，那里与世隔绝的空军基地，回忆那里的单眼皮的日本人。他回忆自己的年轻时代，驾驶着战斗机，巡逻在那一片天空，每天看着他们的城市一点点长高。一个人飘浮在天与海的蓝色之间。他的妻子爱丽生戴上了眼镜读着一本航空公司提供的航空书籍《一百个人关于飞机的回忆》。一名日本裔的年轻随笔作家这样写道："我和我的母亲都不知道我的父亲是谁。母亲的家乡有一个美军空军基地。我的父亲就是那里的军人，是喷气式战斗机的飞行员，这就是母亲所知道的关于他的一切。母亲也只见过他两次。母亲生下我后，就把我留在鹿儿岛的外祖母家，自己到其他的地方去陪酒挣钱。对我来说，我的父亲是每天轰鸣着经过城市上空的战斗机，母亲则是皱巴巴的邮局汇款单。"

"假如我有父亲，即使他是附近美军基地的美国人，我的童年也会快乐一些。因为我的绿色眼睛，即使我穿着一样的中学制服，剃着一样的和尚头，也免不了经常被其他日本男孩子找碴狠揍。"

"每次放学，从学校走到美军基地的铁丝网旁，都刚好能够看到他们的飞机起飞。夏日耀眼的阳光反射在银白色的飞机上，它们以令人惊异的速度滑行在跑道上，箭一样地飞向海平线，冲破音障的时候，在晴空中发出裂帛一般的猎猎的巨响。我时常幻想那上面就有我的父亲，事实是，也许他早就回美国去了。有时我也会隔着铁丝网试图看清每一个男人，看他们是不是有和我一样的碧绿得像橡树牌薄荷酒一样的眼睛……"

爱丽生摘下眼镜说："太令人感动了，杰，你要看看吗？"

她的丈夫从回忆中醒过来，他那碧绿得像橡树牌薄荷酒一样的眼睛望着她，微笑着说："不，亲爱的。我看你休息一下比较好。"

于是爱丽生把杂志重新插回前面椅背上的袋子里。

有时候，你的故事和你只有一纸之隔。但你可能永远，永远也不会知道。

所谓的咫尺天涯，大概就是这样。在生活中，很多事情看似遥远，就好像是神话传说，但其实与我们只有一纸之隔。又或许，你自己都不知道，你已经成了故事中的主人公，你已经在主导着故事的发展。正如那首短诗所说，你站在桥上看风景，看风景的人在楼上看你。明月装饰了你的窗子，你装饰了别人的梦。

止痛片

什么是幸福？三十年前，我想大多数人会认为能吃饱饭就是幸福。二十年前，我想大多数人会认为能有个铁饭碗就是幸福。十年前，我想大多数人会认为有大把的钱是幸福。难道幸福也随着时代发展变化而变化？

朋友讲一个故事。

小时候，他家穷——说穷已恭维。穷是各方物品匮乏，而他家多日缺粮，其他已不用提，饿得头昏眼花。

他脑子里整天想"吃"的事情。譬如，看到树叶撸一把嚼嚼，以果腹。天空飞过一只鸟，他生不出泰戈尔式的哲思，而在想象吃这只鸟的情景：怎样烤，细小的肋骨在牙齿间穿梭哂摸。信以为真，大口的涎水落进空荡荡的肚里，引起肠的轰鸣。鸟儿这时早已飞出几里地。

一天，他饿哭了。小孩子虽然爱哭，但人如果饿哭了，是大事，它和被打哭了、骂哭了都不一样，要死人了。两个弟弟跟着哭，甭问，饿的。这个"饿"字也怪，这边儿是食，那边儿有我，哲学家叫主体。食与主体相逢，怎么就饿了呢？造字的古人恶毒，光考虑形声，不注意社会效果。他们哭起来，他爸——一个被称作农民的专业粮食种植者——叹口气，往鞋底磕磕烟锅，背手走了；他妈把粮食口袋翻过来，在针脚缝隙找米粒，哥仨瞪大眼珠子瞄视。几条米袋子倒腾一遍，妈妈挑出一把攥不住的小米，放进大锅煮。朋友说，母亲添一瓢水，又添一瓢水，两瓢水煮一把米。

水开了，屋里弥漫粮食的香味，连墙缝、炕沿下边和窗棂都飘着米的香味，那真叫香。他掀开木锅盖，大团雾气散开，见汤里的十几粒小米翻滚奔突，拿勺要盛米吃，被妈妈阻止。

妈说：孩子，先别吃，妈想让你们多闻一会儿米的香味。说完，他妈也哭了。

初听这个故事，我有点儿不相信，越想越觉出真实。想起有一年到山区农民家采访，他们因没东西招待我而局促不安。老太太欠屁股从炕席下拿出一片对乙酰氨基酚，笑着说：吃吧。这时我环顾屋内，这家啥都没有，墙角半筐土豆，是一家人的口粮。而止痛片是农民解乏、提神、战胜一切苦难，用紧缺的现金买来的奢侈品，因而也是礼品，唯有老太太享用。她递给我的时候，慈祥、慷慨，至今忘不了。那会儿，我没事儿就拿出这片药看，想这件事。按国际标准，户均每日收入不足一美元为赤贫，即绝对贫困。这家人八天也赚不到一美元，而闻米香的朋友半个月的收入也不到一美元，八元人民币。没饭吃，连猪、鸡都养不起。

得到止痛片的时候，是改革开放初期，我虽然已贵为记者，却比较昏庸，不清楚为什么要改革开放。后来，目睹国家的成绩，特别是民生的改善，不期然忆起止痛片和煮米闻香，觉得邓小平所说的"不改革是死路一条"是大实话，也是真理。想那些反对改革开放的人多么没良心，该发止痛片治疗一下。

朋友说，你不知道米的香味有多么香，多么纯正。观音土、榆树皮虽然也能吃，但谈不上香。现在常吃的大鱼大肉，香里有一股邪恶，酒香绮靡。小米的香味像跟你说话，像盖一床被子，香里有爱。什么香水、古龙水，香得不要脸，花香隔世，奶香太富贵了。

我被他说馋了，想抓一把米煮熟闻香。我怕我闻不到。对现今多数的孩子来说，遑论米香，甚至不知饥饿的滋味。看到当妈的百般劝孩子吃饭而孩子百般不吃，我心想，这是怎么一回事儿？天下竟有不饿之人？

竟有别人不饿劝别人吃饭之人？如果他们到灾区出演这一课目，恐怕早让人给掐死了。

这里，我没把"煮米闻香"当作奇闻写下来，这不是二百年前的事，是二十多年前的事，改革开放还没有开始。我的朋友说，现今还能想起煮米的香味，记得这个事，觉得自己内心还有一点儿善良，不至于轻慢穷人，去琢磨那些超过温饱太远的没边儿的事。

"煮米闻香"的时代虽已远去，我们也许永远无法亲身体会当时的煮米闻香，但煮米闻香的精神不能丢，更何况还有很多贫困人口，也还有很多流浪人员。如果我们节约一点，把省下来的资源用于他们身上，是不是能让他们感受到温暖与关怀，从而让世界充满爱？

至真至善的爱意

生活中总有一些事，一些人总感动着我们，有时候我们虽然不知道他们是谁，但是他们无价的爱心给予我们永存的光明。世间有真情，人间有真爱；爱心在传递，真情到永远。

这里不像早餐店。不是因为店面太小，而是因为，它根本就没有一个早餐店所应该拥有的那些东西。它没有招牌，没有店名，没有收银台，也没有服务员。餐桌只有一张，椅子只有四把，且样子陈旧。案板上没有用来盛油盐酱醋的瓶瓶罐罐，只是搁着一块揉好的面团，一盆剁好的馅儿。一个上了年纪的老奶奶，坐在案板前，眯缝着眼睛，用青筋暴突且沾满面粉的手在那里拼包子皮，做包子。

我是晨练的时候发现这家早餐店的。到这家店买早餐的人很多，进进出出，络绎不绝。这么多人来买早餐，这里的早餐应该很不错吧。进去了才发现这里十分简陋，只得问："有什么好吃的？"

坐在案板前的一个上了年纪的老奶奶抬起头来，笑吟吟地说："有包子。"

"只有包子啊？"我有些失望。奶奶立即站起来，热情地问我："你喜欢吃什么，我现在给您做。手擀面怎么样，或者馄饨……"

我还没来得及说话，我身边站着的一名男子帮我回答了："别麻烦了，就吃包子好了。"我不悦地扫了他一眼，他却冲我点了点头，然后，又冲我对面的墙壁努了努嘴。我望过去，这才看到，对面的墙壁上贴了一张纸，是一张告示：

拜托各位：奶奶拿手的早餐只有包子，其他的虽然也会做，但毕竟年纪大了，而且她有关节炎，浸不得冷水，也劳累不得。大家就将就一点儿吧。

——刘立柱永世感激。

这张告示是打印的，黑体字，很醒目。告示底下，又用钢笔和圆珠笔密密麻麻写了好些内容，离得远，看不清楚。我只得说："那，买两个包子吧。"

我提着袋子出门时，这个男子也跟在我的身后出门，叮嘱我："先生，要是这包子还合口味，就常来啊，多关照关照生意。"

我笑着答："常来可不敢，人家拜托过呢，不要麻烦人家。这刘立柱可真会打同情牌。"

这个男子愣了一下，问我："是不是那张告示写得不好？还是我以刘立柱的口气写的。要是不好，我再改改。"

"你？"我很惊讶。男子回头目测了一下离早餐店的距离，这才低声说："刘立柱去世快半年了，人还不到三十岁，丢下这么个老奶奶无依无靠。现在老奶奶的很多事，只有靠我们了。"我怔住了。

男子和我同路，一边走，一边跟我讲有关刘立柱的事情。

刘立柱是农村人，前几年，他到城里来打工，挣了一点钱，就将奶奶也接到了城里住。哪知道去年他患上了绝症，他一死，奶奶怎么办？思前想后，他停止了治疗，用剩下的钱盘下了一家早餐店。他奶奶蒸包子拿手，这家店，可以作为奶奶的经济来源和生活保障。店盘下后，刘立柱就开始带着他的病历，走访附近的居民。他央求大家，在他死后，照顾他奶奶能够生活下去。之后，他又去找了居委会，央求居委会的大妈帮忙，如果他死了，不要将消息告诉他奶奶，就说他去北京开餐馆了，一两年后他就回来接奶奶去北京。奶奶相信了。

男子说："刘立柱死后，附近的居民都来照顾老奶奶的生意。但是，她店里的早餐只有包子，而有些人想吃别的东西，就会提些要求。那么大年纪的老人哪经得住劳累，所以我才以刘立柱的名义打印了那张告示，反正老人不识字。"

听到这里，我为刚才对那则告示以及对刘立柱的恣意猜测而心生愧疚。

第二天早晨，我又去了那家早餐店，我再一次认真地看了那张告示，近距离地看。告示下面那些密密麻麻的昨天没能看清的字现在都看清了。那些字，字迹各不相同，显然是不同的人写上去的，那已不是告示，而是不同的顾客写下的留言："奶奶说，因为地上有水，她昨天滑了一跤。她说没摔着哪里，但毕竟上了年纪，大家记得今天别让她太劳累。"

"拖把在门后，谁看到地上有水一定要记得拖一下，不能再发生这样的事故。"

"今天奶奶有点鼻塞，好像感冒了，我帮她买了感冒药，大家记得到时提醒她吃药，一日三次，一次两片。"

"店里的卫生许可证上次是谁去办的？奶奶说她不记得副本放在哪里了，我今天帮她找也没有找到，大家想想辙……"

看着这一则则留言，我的眼睛湿润了，奶奶已不再是刘立柱一个人的奶奶，而成了大家的奶奶。我也学着别人的样子，自己动手，去蒸笼里拿了包子，然后将包子钱小心翼翼地放进那铁皮盒里。

我发现，到早餐店里来买早餐的人，并不是一进门就买早餐，他们总是先要与奶奶聊一会儿天，问一问她的身体状况和生活情况，琐碎而具体。这里看不到食客和店主间的买卖关系，看得到的，只是一幅幅其乐融融的亲情图。

看完这个故事，这个不像早餐店的早餐店，再也不感觉它的陈设简陋，再也没觉得它早餐品种的单一，我感觉到的，是世间至真至善的爱意。如果有机会，即使我不喜欢吃包子，但是我也要去买一点，味道肯定香甜可口，因为每一口都有爱意在流淌，让人感到温暖。

在尘埃里也要微笑

红尘滚滚，芸芸众生，谁没有辛酸悲苦？谁不曾徘徊于人生的低谷？谁不曾于人生弯道处踯躅？佛说：人的脸上眉毛、眼睛、鼻子、嘴共同组成了一个"苦"字，人生带着一个苦字来。只是，有人选择在尘埃里微笑，有的人却抓住痛苦的瞬间不肯放手。

在新西兰首都惠灵顿求学，最让我头疼的是住宿。为了节省车钱，我不得不寻找离学校近一点、交通便捷一些的出租房，但由于海外学生众多，物美价廉的民居早就人满为患，结果，我连间仅有一张床的地下室也没找到。

辗转三个月，终于看中市中心的一家名叫圣乔治的青年公寓，租金不菲但能包两餐，但仅剩最后一间空房。时不我待，我咽着血预付了三个月的租金。住了一天我顿悟到这间房没人住的原因，窄走廊对面就是洗衣房兼清洁室，终日的机器轰鸣声足以致人发疯。我白天去上课时还好，可一到周末或没课的日子。巨大的噪音让我根本无法集中精力，五脏六腑纠结在一起，烦躁得直想尖叫。加之举目无亲的寂寞，学业繁重的压力，我忍不住趴在床上放声痛哭……

有人轻轻叩门，我止住哭声，外面似乎迟疑了一下，再敲。我冲进洗手间把脸洗净擦干，开门一看，是个陌生的老头：他背着双手，微胖体态，椭圆脑壳，花白头发，暗红针织短衫，破旧休闲裤，鼻梁上架副有色眼镜。也许是看不清他眼睛的缘故，我怯怯地问："您找谁？"

他咧嘴一笑，变戏法似的从身后亮出一个拙朴的玩偶娃娃："她叫贝蒂，你看她，永远都是微笑的。"

"对不起，我不需要。"我以为他是推销娃娃的，说着便要关门。

"我叫比尔，这个娃娃送给你。小丫头，独自在外不容易，放轻松才能坚持到底！"他不由分说地把娃娃塞入我怀中，转身闪进对面的洗衣房。

比尔是圣乔治公寓的清洁工，年龄最大的清洁工。

以后的每天清晨，我都是在门外的歌声中睁开眼睛。我蜷在被窝里仔细分辨，听得出是比尔在一边用吸尘器清洁走廊地毯一边高声唱着节奏欢快的歌，不管那是不是专门哄我开心的，我都会在他老迈而漏风的音色里笑出声来。

由于在同一个楼层，他值班时我常会遇见他，他每次都像老朋友一样用一种很卡通的腔调和我打招呼，有时还扮鬼脸，憨态可掬，和他的年龄一点儿都不相称。不论我彼时处于何种情绪，一见他，我就和快乐撞个满怀。

比尔一个人住在与圣乔治公寓相邻的小楼上，因为是长期员工，所以公寓给他提供了一处面积很小的容身之地。当然，经理大概也有自己的算盘，一旦有需要紧急处理的情况，至少有比尔可以随叫随到。

圣诞节前两周，这个城市已进入一种莫名的亢奋状态。崇尚随性而为的新西兰人此时变得大惊小怪，见到什么可爱家什都想搜罗回家。比尔也像蚂蚁找食，每次逛街，只买一两件东西，有时是根烤肠有时是棒形面包，却满足得要死。他是喜欢逛街的过程，尤其遇到打折或特价商品，他就得意得像白捡了宝贝。半年来我没见他更换过另外一套衣衫，可同样没有更换的是他微笑的胖脸。

很多同学都回国休假去了，我为了打工积攒生活费留了下来。原以为惠灵顿在圣诞节这天一定会成为沸腾的海洋，可事实却大大出乎我的意料。

这是一座空城，彻头彻尾的空城，商店紧闭，餐厅关张，街上没有行人，空中不见飞鸟。淅淅沥沥的雨把一切衬托得更加空旷。原来，圣诞节对当地人来说，就是和亲人团聚、度假，而不是扎堆凑热闹。

我正盯着远方一片含水的云发呆，比尔来了。他笑眯眯地问："我就知道你会无聊的。我做了鸡腿汉堡，还有薯条，你要不要去尝尝？"我像抓住了一根救命草，急忙点头。比尔是特地跑来，将我从孤独寂寞的汪洋里打捞上岸。

这是一间方方正正的居室，狭小简陋却整洁有序。红漆的桌上摆着几个汉堡和一大盘薯条，旁边放着一瓶啤酒。墙上有几张框好的照片，黑白照，像是全家福，相片中的人一律是很英式的装束，背景是一座庄园。这些旧照在一尘不染的相框里，散发着庄重肃穆的美。

不等我问，他先打开了话匣子。照片上是他的祖母、父母、姐姐，那个婴儿就是他自己。他的家乡原在苏格兰，家境也不错，后来家族遭遇变故，这幅田园美卷从此便毁掉了。他流落到新西兰，也结过一次婚。

"你的妻子呢？"我忍不住问。

"我们出过一次车祸，她死了，我瞎了一只眼睛。"他摘下眼镜抹去眼角的老泪，我这才注意到，他的左眼没有表情，也没有泪水。他居然取下那只假眼，动情地对我说："我用一只眼睛照看天国的妻子，用另外一只眼睛收集人间快乐，这样一来，她在远方就不会寂寞了……"

不知不觉中，我的泪竟也氤氲了双眼。这是一种怎样的情怀呢，阴阳之隔，却用半明半暗的视野交流着亘古的爱情。像比尔这样的清洁工，在富庶的新西兰不过处于社会的底层，他始终把自己的眼睛当作爱人的幸福，怀着感恩，背着责任，在滚滚尘埃里欣赏美丽，兀自微笑，感染了自己也温暖了他人。

他也许不曾料到，他残缺的视线成全了一个异乡人灯塔般的希望。

有人抱怨尘埃的存在挡住了自己的视野，可如果没有尘埃，我们就看不到美丽的蓝天。而微笑，是这个世界上成本最少、最美好的幸福。在尘埃里微笑，是对苦难的蔑视和不屑，是对命运的挑战，是对无常的嘲笑，是生命不败、追求不止的勇气。所以，请在尘埃中尽情地微笑吧。

让上天见证

动物与我们人类之间，发生了很多令我们感动的事例。这些发生在我们身边的真事，向我们印证了"蠢动含灵，众生皆有佛性"的生命真相。

那年，我随援藏医疗队进入藏北地区，为散居在高原上的游牧藏民提供医疗服务。6月的一天，队里派我和一个同伴去最偏僻的木孜塔格山，为几十户藏民注射疫苗。由于同伴身体不适，我带上两天的食品，骑上赞达独自一人上路了。

赞达是头6岁大的牦牛，我骑它已有几个月。牦牛号称"高原之车""冰河之舟"，是青藏高原传统的交通工具，能背负重担在极度缺氧的冰天雪地长途跋涉。我曾跟朋友们夸耀："只要骑着赞达，青藏高原没我不敢去的地方！"

遗憾的是，那几天气温偏高，高原的冻土融化，地面开始翻浆，路有些难走。赞达不怕冷但怕热，这泥泞的路面使它相当狼狈。两天过去我们只走了一半的路。在无人区的腹地，我断炊了。晚上露营时不幸着凉，得了感冒。

那天早上，我又累又饿，脑袋像戴了紧箍咒，实在没有力气爬起来。赞达在附近转悠着找吃的。大概10点多钟，我看到天空中飘过来一个黑影，是一只胡兀鹫！它两翼伸展，足有3米多长，身子也有一米多长，模样相当吓人！它在低空盘旋一会儿飞走了。20分钟后，又引来十几只胡兀鹫，"嘎嘎"叫了几声后便降落到了地上，慢慢向我靠拢。它们要干什么？我匪夷所思。从那冷酷贪婪的目光中我蓦然明白，它们是冲我来的！我当即惊出一身冷汗，挣扎着欠起了身子，喘着粗气喊："滚开！我是个活人，不是尸体，快滚开！"

胡兀鹫受惊退了几步，但并没飞走。这是在无人区，它们可不怕人。尤其看出我极度虚弱，根本没有反抗能力，很快它们又"嘎嘎"怪叫着逼了上来！

我简直快要吓疯了！双手摸索着想找件武器，可地上除了烂泥什么也没有。我只能用毛毯裹住身子。一只胡兀鹫按捺不住，跳起来一下就把毛毯扯了个口子。其余的胡兀鹫也争先恐后胡抓乱啄一气，把我的毛毯撕得稀巴烂。因为大腿被抓破了，我不禁恐怖地高声尖叫："赞达，你在哪里？快来救我！"

喊声未落，我猛觉身后蹄声隆隆！一定是赞达！它发现险情，狂奔着过来救我了。本来它离我不远，大概昨晚为保护我太累了，刚刚打了个盹儿。它的来势猛烈无比，裹挟着一股劲风！

胡兀鹫们纷纷狂叫着扑腾起来。赞达庞大的身躯立马在我头上越了过去。几只未及飞起的胡兀鹫被撞倒了。我的心底涌起一股暖流，这回有救了！

已闻到血腥味的饥肠辘辘的胡兀鹫岂肯放过嘴边的美食？在半空盘旋了一阵后，又试探着向我冲击了。赞达不停地在我四周和上方跳跃着，拦挡着。

眼看无法取胜，胡兀鹫一起飞向高空，呼唤同伴来增援。

趁这个机会，赞达用嘴拖着我向前疾走——此刻我已没有一丝力气爬上它脊背——来到几十米外一个洞穴边。那是棕熊冬眠留下来的，现在是空的，完全可以容我藏身。赞达小心地将我放下去，它的举动让我感动得几乎掉下泪来。赞达没敢久留，转身往回飞跑。片刻间几十只胡兀鹫黑压压地从天而降。我趴在洞边眺望，惊得目瞪口呆！它们恨透了赞达，立即发起凶猛的攻击！为了不暴露我，赞达四蹄腾跃，拼命向前狂奔！残忍的胡兀鹫在它身上狠狠抓扯着，抓出了一些血口子。幸亏它的皮很厚很硬，否则早皮开肉绽了。

赞达跑出了足有200多米，才停下来。这时，胡兀鹫已像吸血鬼一样落满了它全身。赞达好像已无牵挂，气吞山河般忠心耿耿叫了一声，猛烈地扭动身子，力图摆脱胡兀鹫，可效果甚微。我远远地望着，心急如焚。

赞达并没有气馁，稍做停顿后，它突然侧身摔在地上，并接连翻滚起来，这下它身上的胡兀鹫可吃不消了，被整治得狼狈不堪尖叫成一团。见这一招奏效，赞达索性不再起来，就躺在地上，不时翻滚几下。

望着苦斗的赞达，我心潮澎湃，不能自已。它的确是太忠勇了！

若说我对赞达有什么恩情的话，就是有一次它得了一种怪病，差点送了命。几乎看不到希望的情况下，我和医生坚持给它治疗，最后它竟奇迹般痊愈了。可我没想到，在这生死攸关的时刻，赞达能如此舍生忘死地救护我！

胡兀鹫没有善罢甘休，对赞达变本加厉地攻击，赞达发出了撕心裂肺地惨叫！我一下子急火攻心，顿觉天旋地转，昏厥过去……

慢慢地我苏醒了，忍着疼痛一瘸一拐地走到远处一副血淋淋的牦牛骨架旁。回想几个小时前发生的一切，我再也忍不住放声大哭起来！

此后的岁月里，每每回顾起无人区的遭遇，我常常陷入沉思。在艰难的人生之旅中，我们能有幸遇到几个如同赞达这样忠勇的朋友？今天的我已经知道，如果我真的有两条命，我决计把余下的那条命好好保留，奉献给家人和朋友，直到天长地久。这一切，就让上天见证吧。

很多人认为家畜动物天生就是人类食物，因而肆无忌惮的屠杀吞噬它们，这是无视"卑微"生命的态度。从我们幼小时期被灌输"杀牲吃肉"观念的一刻，我们就已在自己心灵的土壤中播下了一颗种子，这颗种子名叫：残忍。但是，我们需要明白的是：生命尊贵，请尊重所有动物的生命，它们同人类一样具有灵性，是我们人类的朋友。

一场闹剧和喜剧

当别人踩到你的脚时，请不要生气，只需微笑着回答一声没关系；当别人误解你时，请不要生气，只需微笑着回答一声不用在意；当别人错拿你的东西时，请不要生气，只需微笑着回答下次注意……

那是1956年，第16届奥运会在澳大利亚墨尔本开幕前夕，火炬接力活动已接近尾声。当一名火炬手进入视线的时候，一些细心的人们会发现，火炬手手中的火炬竟然如此粗糙，精致的火炬头变得很简陋，圆柱形的银质手柄则变成了方形的木棍。

这究竟是怎么一回事呢？原来，这是一场闹剧。

手持"火炬"的小伙子叫巴里·拉金。他不是奥运会真正的火炬传递手，而是世界上第一个，也是唯一一个制造并且传递假奥运火炬的人。

当年巴里·拉金只有18岁，是悉尼大学兽医系的一年级学生。他导演这出闹剧的起因，完全是起始于一个玩笑。他说："我们本来只是想开一个玩笑，感受一下拿着火炬在人群中奔跑的感觉，并没想到那么多的人会信以为真，或以假乱真，于是，巴里·拉金和圣徒约翰学院的彼特·葛兰顿等同学，把木棍、空的葡萄干罐头盒涂上银色，将浸有煤油的内裤装进罐头盒里，就算做了'火炬'。"

清晨，巴里·拉金、彼特·葛兰顿和另一位学都穿着政府规定的白色外套，就像真的火炬手一样，奔向约克街，奔向城市广场，去见市长巴·希尔斯。

然而当他们跑到约克街的时候，其他几位假火炬手失去了勇气，丢掉了火炬。他们对巴里·拉金说："你能捡起火炬继续往前跑吗？"他二话没说，捡起燃烧着的火炬，继续向前奔跑。

巴里·拉金骄傲地举着假火炬，穿过城市的街道。在距离城市广场100码地方，身边出现了一支由6位骑摩托车警察组成的护卫队为他开道，附近有三四万人。许多官员和摄影记者，都把他当成了真正的火炬手。

他硬着头皮往前跑，将火炬传递给巴·希尔斯市长。不知什么原因，市长并没有发现火炬的异常，而是高兴地接了过去，并开始讲话。

巴·希尔斯市长身后火炬传递的组织者马克·马斯顿，很快注意到了这支异样的火炬，并不动声色地打断了市长的演说。

随后不久，真正的火炬手举着墨尔本奥运会的火炬跑进了城市广场，点燃了巴·希尔斯市长手中的火炬，然后离开，前往墨尔本。

看到了真正的火炬，巴·希尔斯市长和许多人才彻底明白，刚才的那一幕竟然是一场闹剧。

第二天，巴里·拉金成为舆论的焦点，各大媒体对他争相报道。

发人深思的是，澳大利亚人对巴里·拉金这场闹剧并没给予过多的指责，而是报以宽容的微笑。

更发人深思的是，44年之后，即在2000年第27届澳大利亚悉尼奥运会上，62岁的巴里·拉金被选为真正的火炬传递手，令人羡慕地举起了真正的奥运火炬。

澳大利亚人宽容的微笑，使一场令人啼笑皆非的闹剧，变成了一场人们津津乐道的喜剧。

宽容既是一种人格修养，也是人与人之间交流的方法。廉颇负荆请罪，蔺相如宽容相待，换来的是国家的和平与安定。只要我们人人都有一个宽广的心胸，我相信，我们的世界就会是一个幸福、友好的大家庭。一个宽容的微笑既能使双方化解矛盾，眉开眼笑，又能赢得别人的尊重和自己的提高，何乐而不为？

男子汉誓言

人生路上，我们不可能不遇到困难。面对困难，我们要像鲁滨孙那样不怕困难、顽强进取，显示出一个男子汉的勇气和担当。也只有真正经历痛苦的砥砺，我们的生命才会绽放出美丽的花朵。

那天下午，在20层楼的屋里清晰地感到了晃动。不一会儿从网上得知，汶川大地震了。当时根本不知道汶川在哪儿。但随后便报道说，绵阳也是重灾区，一些学校垮塌了。心不由得悬了起来，因为表姐就在绵阳一所中学教书。赶紧拨她电话，手机不通，小灵通不通，座机也不通。

一直到晚上9点多钟，座机终于通了。听到她声音的刹那，心才放下。她说学校的主教学楼垮了，但庆幸的是师生都没有伤亡，家里的房子也没有大问题，"还立起在"。第二天再通话，知道他们晚上不能回家去，都在外面搭的棚子里睡。她的儿子，还有3个其他表哥表姐的孩子，都由她带着，谁让她是老师呢？我老母亲知道后着急了："那咋个要得？要不，带孩子到我们这边来吧，不要嫌弃我们条件差。"表姐发出特有的爽朗笑声："实在没得办法，就去投奔你们。"

说归说，但她到底没动。以后七八天通话，她说他们一直都留在外面。我母亲劝她过来，她反倒安慰我母亲："不要担心我们，多少人都住在外面，不是只有我们一家。总会过去的。"但她也有发愁的事："娃儿们上学怎么办呢？一个高二，两个初三，都是紧要关头呀！"她说学校也许很快会复课，因为大家都没离开当地，房子也都没垮掉，早晚会复课。

在她看来，不管天灾人祸，孩子有学上才是天经地义的大事。

他们附近的市场都停掉了，每天吃饭怎么办？她说吃了一顿再想下一顿，有时候只能把找到的东西烧成一锅汤，大家还抢着喝。我跟她说，这让我想起《白菜汤》。表姐乐了："啥子白菜汤？""就是屠格涅夫的《白菜汤》呀！"

表姐是学中文的，知道这个故事：一个农妇死掉了独子，全村最出色的青年。地主太太知道了，便去探问他的母亲达地安娜。结果发现，那农妇虽然脸颊消瘦，眼睛红肿，却不慌不忙地从锅里舀起白菜汤，一调羹一调羹地吞下去。

地主太太忍不住了："你怎么还有这样好的胃口？你怎么还能喝这白菜汤？""我的瓦西亚死了，"悲哀的眼泪又沿着达地安娜憔悴的脸颊流下来，"自然我的日子也完了，我活活地被人把心挖了去。然而汤是不应该糟蹋的，里面放得有盐呢。"

表姐笑呵呵地说："我比达地安娜要乐观，还要带4个娃儿呢。"学校还是没有复课，她终于决定带孩子们到西昌表哥那儿去。我把古雅典的一段"男子汉誓言"读给她听：

我们决不以懦弱或不正直的行为给我们这个城市丢脸，也永远不抛弃我们队伍中患难与共的兄弟。我们将为本市的一切理想和神圣的事业而奋斗。我们将尊崇和服从法律，并以自己的模范行为，促使周围那些企图取消或无视它们的人遵从这一观念。我们将不停地做出努力，以激发全体市民的公共责任感，从而，在所有这些方面，我们将给这个城市留下远比它给予我们的更多、更美好的东西！

路是自己走出来的，命运是自己创造的。表姐身陷困境，仍然对生活充满信心，勇敢地面对生活、创造生活，实在是难能可贵。从她的身上，我们认识到，人无论在何时何地，不管遇到多大的困难，都不能被困难吓倒，要勇敢地去面对，始终保持一种积极向上、从容乐观的心态，去面对和挑战命运。唯有如此，我们才能成为生活的强者。

珍惜生命，珍惜自己

我们或许只是一颗不起眼的石头，但它是唯一的、独特的，而且是无价、绝不出售的"稀世珍宝"呢！它的价值，便在于被珍惜。假若连你自己都不珍惜自己，再大的价值也等于零。

昨晚休息的时候，忽然想起有一件事，于是就给以前曾在一起共过事的一位大姐打了个电话，家里座机没有人接，想想很晚了应该不会出门了还是打了手机，不曾想刚一接通对方声音很大，"妹子，我差点就玩完了，差点你再也见不到我了。"我当时非常的错愕，一连问了几声："怎么了，怎么了，到底怎么了？"因为两个星期前我们还通过电话，电话里她还是老样子爽朗的笑的啊。

后来才知道，她平时就血压高，那天正在厨房里忙着，突然就晕倒在地上不能动了，还好儿子放学在家，打了120急救电话及时送到医院，抢救了过来，医生说是脑部出血再晚一个小时就很难说了，现在已经度过了危险期但还要继续住院观察。我说老姐，我要去看你！谁知她却说："不用啦不用啦，知道你工作很忙的，我现在已经没事啦，哈哈。还有啊，记住身体是第一位的，你不是常偏头痛吗？也要注意啊，不要太累着了。我这是从生死关走过了人啦，现在没有啥想不通的啦，哈哈。"

电话里，她依然是我熟悉的那个大姐，依然开朗，在我的印象中，她一直是个乐天派，性格外向，泼辣、爽快，做起事情来风风火火的。已走过鬼门关的人，在电话里却依然有熟悉的爽朗的笑声以及对经过轻描淡写的描述，似乎在说别人的事情，在说与我和她都不相关的事情。

我的内心受到了震撼，共同的感触就是：原来，生命是如此的脆弱。似乎随时都可能戛然而止，一种病、一个意外……都能轻而易举把生命给结束掉，就算再顽强的人也挡不住。

本想好好劝说、宽慰她一番的，此时此刻却连一个完整的句子都说不出了，想通过电话传递给她一种力量，却觉得我的话语是那么的苍白、单薄，单薄的没有勇气，反而她来安慰我，直说没事儿、没事儿。

脆弱的生命似乎随时都能如流星般陨落，多少梦想、幸福、争执、矛盾和是是非非顷刻间也灰飞烟灭。世间上的荣华富贵、喜怒哀乐也如昙花一现，瞬间就消失了。

现在，突然有点害怕！不是怕自己怎样，而是怕离别……

高城鼓动兰釭灺，睡也还醒，醉也还醒，忽听孤鸿三两声。

人生只似风前絮，欢也飘零，悲也飘零，都作连江点点萍。

一点不错，人生有情泪沾衣，生痛、离愁、死哀、别泪，生离死别真乃人间一大悲哀。

那么，一个人那么努力勤奋地活着为了什么？一个人费尽心机地去追求那么多身外之物又是为了什么？如果你知道你的生命将结束于明天你是否还会这么去做？或许不会，有多少人在为生命努力勇敢地走下去，但是同时却又有那么多人在放弃着自己的生命，世界上真的有那么多不可调和的矛盾不可消除的悲伤吗？

由此想开来，人生更不应叹息徘徊，做自己想做的，全力以赴，做回自己，成败不重要，得失亦可淡然。

人生不过匆匆几十载，过眼即逝，追名逐利，适可而止。所以人与人之间也没什么好计较的，只要尽本分，顺天道即可。

　　珍惜生命，珍惜自己，珍惜身边的一切，把握手中已有的幸福。

　　我们每个人都可以有"值得活下去"的理由，为名、求利、为理想、为爱，只要是积极的，无害的，都值得赞扬。但最重要的是，你要懂得珍惜自己，珍惜自己的身体，珍惜自己是一个人，能到世上走一遭，珍惜自己潜藏于生命中的无穷能力。

请你一定相信我

诚是金，信是银。《史记》中的"徙木赏金"的典故，讲的就是商鞅为推行变法，首先以诚信服人，以一搬木头奖赏之举，诚实守信，取得人们的信任，商鞅的新法才得以顺利推行。

当她猛然发现身边的皮包不见了时，吓得冷汗涔涔。那手提包里的钱和银行卡都在其次，关乎"命门"的是海关进出口手册和关税证明的单据，一旦丢失，将给她所在的报关公司带来巨大的经济损失。

她失魂落魄，跌跌撞撞到广场派出所报了案，然后，又心急如焚地雇来了三个人，举着寻物牌，来回走动。写着"一万元悬赏，捡到棕色皮包内票据"的牌子像巨大的聚光镜，把游人的目光都聚集过来。她以为重赏之下定会催生出奇迹。

阳光一点点离散，她的心也揪得越来越紧。这时候，广场派出所的民警打电话来说，有一个人拾到棕色的提包。

她急三火四地赶到派出所，的确是她的手提包，她惊喜地叫起来，可是等她打开拉链，却傻了眼，包里空空如也。像迎头被浇了一瓢冷水，她心里的希望一下子熄灭了，她又急又上火，眼泪止不住流下来。

捡到包的人是一个十六七岁的男孩，衣着破旧而脏乱，神情漠然。民警悄悄告诉她，这男孩整天在广场拾破烂，上次，他也说是捡到了皮包，来交还失主，哪知失主说，就是这男孩在他坐的地方转来转去，不一会皮包就不翼而飞，失主一口咬定，包就是他偷的。结果那失主不但没有给赏金，还管那孩子要包里少的钱，甚至动了粗。民警看了看那男孩又说，我怀疑，这次他又故技重演，要不，我们仔细地盘问盘问，看看有什么破绽？

她忙摇摇头，即使以前男孩有过劣迹，她也不愿在没有任何证据的情况下，怀疑和猜测他这次的诚心，曲解他的好意。

许是猜出民了民警和她谈论的内容，男孩涨红了脸，紧咬着下唇，一副怒不可遏的样子，分辩道："包是捡的，不是偷的！"

她走上前去，缓缓地蹲下身子，拉过男孩的手，拍拍他的肩膀，说："小兄弟，姐姐相信你，即便你只是送来了空提包，姐也谢谢你。"

直到夜幕降临，也没有奇迹出现，她心灰意冷地往回走，月色清凉如水，冷得让她心寒。突然，身后窜出一个人来，往她怀里塞了个方便袋，然后掉头跑开，消失在幽暗的小巷里。

等她从惊惶中回过神来，才惊奇地发现，方便袋里竟是那些让她心急如焚，想用一万元悬赏的票据。突如其来的惊喜，让她恍惚置身于不敢惊扰的梦境中一般。

除了现金，一切失而复得，还多了张纸条，上面写着：曾经，我把拾到的包交给失主，却被失主反咬一口，人心险恶，我真后悔把包给他。所以，当今天下午我又捡到包时，我就先交上空包，投石问路，倘若你也诬赖我，我就干脆让那些单据从你眼前消失。没想到，你不仅相信我，还握了我脏兮兮的手。赏金我是不会要的，其实，你已经给了我比任何金钱都要贵重的奖赏，那就是尊重和信任，我收下了，也谢谢你。请你一定相信我，我捡到包时里面就没有钱。

她呆呆地站在夜色里，心动如潮，泪流满面，为那个受了委屈依然善良的男孩，为那个在困境中生存但内心并不贫穷的男孩。

很多人以为能让人心动的是金钱，却不知道真正能打动人心的是人的姿态、言语和笑容流露出来的温暖与尊重。多少怀揣着真诚而来的帮助，多少明媚而纯粹的心境，被我们审视、猜忌和怀疑的目光灼伤，变得冷漠而麻木。其实，爱原本就是无要求地付出，对每一个卑微的善举都应该心怀感恩。

孩子说的出人意料的东西

没有独立性，就没有创造性。人云亦云，亦步亦趋，学生都成了老师的"影子"，孩子都成了父母的"小尾巴"，如此缺乏独立性，哪里会有创造性？

在美国，黑人笑星比尔·考斯彼主持的《孩子说的出人意料的东西》电视节目深受欢迎。这里，孩子们的机智如清泉涌动；这里，孩子们的表现如绚丽火花；这里，孩子们的童真如鲜花开放灿烂。有这样的一则现场节目：

比尔问一个七八岁的女孩："你长大以后想当什么？"女孩自信地答道："总统！"

全场观众哗然。比尔做了一个滑稽的吃惊状，然后问："那你说说看，为什么美国至今没有女总统？"

女孩都不用想地回答："因为男人不投她的票。"全场一片笑声。

比尔："肯定是男人不投她的票吗？"女孩不屑地："当然肯定！"

比尔意味深长地笑笑，对全场观众说："请投她票的男人举手！"伴随着笑声，有不少男人举手。

比尔得意地说："你看，有不少男人投你的票呀！"

女孩不为所动，淡淡地说："还不到三分之一！"

比尔做出不相信又不高兴的样子，对观众说道："请在场的所有男人把手举起来！"言下之意，不举手的就不是男人，哪个男人"敢"不举手？在哄堂大笑中，男人们的手一片林立。

比尔故作严肃地说："请投她的票的男人仍然举手，不投的放下手。"比尔这一招厉害：在众目睽睽之下，要大男人们把已经举起的手再放下，确实不容易。这样一来，虽然仍有人放下手，但"投"她的票的男人多了许多。

比尔得意扬扬地说道："怎么样？'总统女士'，这回可是三分之二的男人投你的票啦。"沸腾的场面突然静了下来，人们要看这个女孩还能说什么？女孩露出了一丝与童稚不太相称的轻蔑的笑意："他们不诚实，他们心里并不愿投我的票！"

许多人目瞪口呆。然后是一片掌声，一片惊叹……

没有独立思考的孩子，就没有独立性。要培养孩子的独立思考，就要提供一些机会给孩子自己去思考、自己去感觉：什么对？什么错？什么应该做？什么不应该做？什么应该怎样做？……记住，没有内在的思考，就没有外在的行动。

让精神也开着花

对精神的追求比对物质的追求更重要。财富、权势、地位都是短暂的，我们无法将其带入天堂，然而精神却是永恒的。当一个人的心灵愉快满足时，他曾经沉迷的、狂爱的都不再重要。

有时候，情感是很霸道的：来去自由也说不出道理。就像我无法抑制对高原荒野的偏爱，而且无法解释这种偏爱。

20世纪一位法国作家曾这样形容安第斯山脉的南美高原——辽阔而忧伤。我在想，如果他能有机会到青藏高原来，该用怎么样的语言呢。

不过，我记住了：辽阔而忧伤——说得多好啊。看到这句话是在一个冬天的午后，而它就像窗外的暖阳，满满地溶入心里，舒服极了。靠在窗前的椅子上，闭上眼，任一幕幕的景象在脑里浮现。

有意思的是，重温那些曾经走的荒原，最让我悸动的却不是可可西里和三江源的无人区，而是一个叫帕羊的地方。这是一个隶属西藏仲巴县的小镇，也是进入阿里地区的最后一站。其实，自离开拉孜县进入萨嘎以后，一路上就已经很"阿里"了。帕羊，则与阿里大多的小镇一样，说是一个镇，能看到的只是几个由厚厚的土墙围起来的小院，为抵御恶劣的天气，低矮的土屋都捂得严严实实。

记得那天，我们经过十几小时的路途奔波，在离帕羊还有一段距离的地方，太阳已是西下，而眼前的一幅画面，竟让我和旅友们呆住了：这是一片广阔的荒原，此时它已被秋日的夕阳晕染成橙色，金黄的野草有三四厘米高，在风中摇曳着。天高地远，而南北两面可以依稀看到延绵的雪山带，分别是喜马拉雅山脉和冈底斯山脉。我又失语了，无法形容此时的感受，只觉得整个心给填得很满，柔柔的。可能因为少有游人在此停留吧，有几个藏民向我们走来，而其中一个孩子远远地拉在后面，我看不清他的脸，只见秋风吹拂着他的乱发和破旧的衣服，他的身子，已完全被溶在金色的荒原里。

我模糊着双眼拍下这个镜头。到如今，我想不起给过他什么小玩意儿，但记住那个荒原，那个荒原上的孩子——他要去哪儿呢，他的家在哪里。

几年过去，那个情形还常在我脑里重现。通常在我们极度关注且给予怜惜的情形或对象中，在某些方面都是可以找到自己的影子，我们看似付出去的悲悯，至少有一半是在痛惜自身、自哀自怜。最近，我突然顿悟：原来，我们都是荒原的孩子。难道不是吗？在这迷幻的旅途上，在人海茫茫中，我们不懂该如何到达彼岸，不知道该把"心"安放在哪里；我们急于获取财富，急于抓住幸福……

辽阔而忧伤。不管是青藏高原还是南美高原，其生存环境都是最恶劣的，百姓的生活最艰辛，而宗教的感召力也最强。因为有了强大的对神的敬畏和虔诚，一切都是为了洗刷罪孽，为了寄托于来世，所以"苦"也变得不那么苦了，也就心安理得了。这就是宗教的力量吗？在漫无边际的荒原上，它把走散的人们归顺成一个队伍，笼罩着他们的思想，安抚他们的心灵，使顺民有了苦难相互搀扶、面对贵贱和贫富差别而心平气和。

道德荒凉，人生漫长。冥冥中我们都在等待被拯救。

宗教和信仰能拯救我们吗？尽管我是无神论者，但我又期待和敬重神圣，人类是很需要这么一种力量的，去约束无休止的贪婪，还有狂躁。所以，我乐于进寺庙，尤其是那些僻静、游人罕至的寺庙，幽远的钟声和清淡的香烟，让人安静、满足。

什么为幸福？哲人说那是心灵上的平和与满足。以现代人的生活条件，这看似简单而容易的事情，要做到既不简单也不容易，我们常常身不由己地去追、去抓，以为幸福是道佛光，追到了抓住了，就万事大吉了，全然忘记其实幸福就在我们心里。令人不安的是，这种情形正在蔓延，在高原上或其他地方，我看到那里许多年轻的原住民们，不再像他们的父辈那样恪守传统和安静了，掌握了知识、学会了文明习惯的他们，正和所谓的文明人一样嚷着追逐幸福，变得焦虑不安。

我们是行走在荒原上的老孩子，能拯救我们的，恐怕只有自己：别忙着赶路吧，让精神也开着花。

物质诚可贵，精神价更高。若将二者衡量，天平必向精神倾斜。所以居里夫人才会捐献全部奖金，李叔同才斩断十丈软红遁入空门。但是，我们并不能完全否定物质追求，没有物质追求社会就不能进步，文明也难以传承；我们应该将精神的追求作为重点，因为只有精神的快乐才是真正的快乐。

褪去光环，看清世界

作家格拉斯在一篇《关于写诗》中写道，"将灯熄掉，以便看清灯泡。"意思是活，一个写诗的人，如果总盲目地追求创作技巧，或许并非是件好事，有时候一首好诗，正是在你忘记所谓技巧时写就的。

作家格拉斯在一篇《关于写诗》中写道，"将灯熄掉，以便看清灯泡。"读者也许会感到奇怪，这位作家谈写诗，何以把灯泡说得这么玄，一袭禅意。本人才疏学浅，自然一时也想不太明白。但在我看来，既然是谈写诗，其中肯定跟诗歌的创作技巧有关。或许作家格拉斯有层意思是这样的，一个写诗的人，如果总盲目地追求创作技巧，或许并非件好事，有时候一首好诗，正是在你忘记所谓技巧时写就的。

忽然想起哥伦比亚市区有家小旅馆，这家小旅馆好像是在作家格拉斯授意下开的。旅馆房间里有电视电话，餐桌上摆着鲜花，服务员彬彬有礼笑脸相迎，餐厅也不错，食物可口且价钱合理。只是这家旅馆缺了样东西，房间里所有的灯口上没装灯泡。客人走进房间伸手开灯，通常会大吃一惊。想要光明吗？对不起，您得自己到窗外的超市里去买灯泡，回来自己亲手装上。真是太奇怪了。这家小旅馆为客人该想的都想到了，唯独不提供灯泡。按理，这会有人投诉，离停业整顿或关张不远了。可这家哥伦比亚的小旅馆开了多年，生意竟然还不错。不知道小旅馆的动机是什么呢，反正情况是这样的，一个旅人旅行了千里万里，看见的世界都是五光十色的，而这家小旅馆，让你亲手触摸了一回会发光的灯泡。

抛开格拉斯的诗歌美学不谈，仅就人们对于生活或生命的感知而言，我觉得哥伦比亚这家小旅馆，和作家格拉斯的"将灯熄掉，以便看清灯泡"有异曲同工之妙的地方。或许多年以后，一个到过哥伦比亚这家小旅馆的人，想不到五光十色的世界是什么样子的了，只是会记住这只灯泡。这真是说不好。在这一意义上讲，我们的人生所求会不会只想到追逐更多的光，而忽略了有一只是真正属于自己的灯泡呢，这就像我们常常追问自己，要生活，还是要更多的生活方式？

读过一位商人的故事，他是一家公司总裁，事业蒸蒸日上。可是一天，他发现自己的人生事业光明无比，但是家庭生活这根保险丝是断的，他和妻子有了情感短路，孩子们的爱也变得陌生。于是，他开始反思自己，他像一位海军陆战队队员那样日夜过着一种急行军生活，追求多少财富才算够？内心有一个声音告诉他，或许我错了，这不是我真正想要的生活。半年之后，他离开了总裁位置，回到家乡，买了几百亩地，和妻儿老小过起了一种田园生活，甚至汽车也不要了，赶起了马车。这是我们不能理解的，或许这也是一种"将灯熄掉，以便看清灯泡"。谁又能说得好呢？

近日，读了两本书，《安吉拉的骨灰》和贝克尔写的《童年》。也想到了"将灯熄掉，以便看清灯泡"这句话。两位作家在书中都用了很大篇幅，写了自己的父亲嗜酒，而其中《安吉拉的骨灰》一书中的父亲，看起来更是让人心痛。我的父亲也有嗜酒的毛病，有些细节让我愤恨。一个父亲嗜酒，对婚姻、家庭、孩子以及事业，往往会造成某种不可估量的伤害。但两位作家对父亲满怀深情，读其中许多段落时，我常常是泪流满面，我干吗泪流满面呢？因为我们这个世界上对父亲的误读是何其多也。我得到的启示是，想真正了解自己的父亲吗？就得先褪去父亲头上神圣光环，世上没有完美的父亲，完美的父亲只是你内心的想象。但正是这些真实的不完美，才让我们对父子情深的世界泪流满面。

有时候，正是一些真实的不完美，才让人们享受到了真实生活的乐趣。看来许多人需要的是真实的世界，真实的生活，而不是各种生活方式；有些人在大城市住久了，忽然来到农村，呼吸了清新的空气，看到了小桥流水，一派自然风光，会感到神清气爽，十分快乐！这也许是想看清灯泡的原因吧？

学会去爱护对方

再坚强、再能假装的人都会有无法承受痛苦的时候，当他人的安慰鼓励已经平复不了自己的痛苦情绪，我们就应该学会发泄，学会选择一些不伤害自己不毁灭自己的发泄方式。

我一天一天地长大，我家厨房餐桌边的椅子也在一把一把地增加。我的弟弟妹妹们根据自己出生的顺序依次决定自己想要的椅子。这种选择是从我开始的，因为我是老大，随后是妹妹格洛丽亚、弟弟布雷特和特里。

我选择了斜对着爸爸的椅子。人人都知道这是"玛西娅的椅子"。不过，有的时候，我会把椅子让给客人坐，它还有一个更出名的名字——"哭泣的椅子"。我的家人、朋友和邻居如果想好好地大哭一场，或者希望有人能与他们分担忧愁的时候，他们就会坐在那张椅子上。

我们家的人都非常好哭，从我的父母纳塔利和朱厄尔·布什开始，一直到他们的4个孩子，我们都是喜欢哭泣的人。这倒并不是因为我们的生活中充斥的都是意外的悲剧，也不是因为我们的心总是沉浸在悲痛之中，而只是因为哭泣能够抚慰我们的心灵。

妈妈说"玛西娅的椅子"变成大家的"哭泣的椅子"是很自然的，因为我是家里最心软、最喜欢哭的人。我在我的生活中最善于利用这张哭泣的椅子。当我的狗米莉死了的时候，当我爸爸在一次车祸中受伤的时候，当爸爸为我们唱一支有关一个残疾小女孩的歌的时候，当我在我们家的黑白电视中看到超人带着一个残疾的小男孩飞翔的时候，当我两岁的弟弟特里想成为超人、从邻居家的高墙上跳下来的时候，它都是我哭泣的宝座。每当我的男朋友甩了我，还是我甩了他们，我都求助于我的"哭泣的椅子"。

不过，我并不是一个不快乐的孩子。实际上，恰好相反，我非常快乐。"哭泣的椅子"为我提供了一个放下我情感上包袱的地方，因此我的人生能够一帆风顺。

当然也有一些时候，我在"哭泣的椅子"上流下的是喜悦的泪水。当妹妹格洛丽亚和我被选为啦啦队的成员的时候，当我被选为班干部的时候，当我被誉为最乐于助人的孩子的时候，当我去上大学的时候，当我从大学回家的时候，当我订婚的时候，当我怀上每一个孩子的时候，我都会流下喜悦的泪水。

当然，如果有其他人需要借用"哭泣的椅子"，我都会很乐意地出借"玛西娅的椅子"。比如说，住在街对面的弗兰和鲍伯，就时常在我们家的餐桌边与我们一起分享咖啡和故事，有时也会坐在那里哭泣。时至今日，"哭泣的椅子"上仍然上演着一出出故事，它也依然放在我父母家。弗兰和鲍伯却早已经搬走了。但是鲍伯死后，弗兰又回来使用过"哭泣的椅子"。

一年又一年，"哭泣的椅子"工作得非常出色。所以，我决定在一所教会学校的幼儿班中也这么做，在那里我教了7年书。我在试图安慰我幼儿班中的一个学生的时候，这个念头突然出现在我的脑海里。这个孩子每天早上上学的时候都哭个不停，而且一天当中总要哭几次。他的父母离婚了。小家伙从爸爸手中转到妈妈手中，他永远不知道谁会送他上学，谁又会接他放学。

在举行了一番仪式之后，我宣布"哭泣的椅子"来到了我们的教室。那只是一把普通的椅子，我把它放到教室中一处比较僻静的地方，并且准备了一盒纸巾。学生们睁大了眼睛听我宣布有关"哭泣的椅子"的规则，他们还产生了一些自己的想法。

有关"哭泣的椅子"的规则

1. 老师："哭泣的椅子"不是一种惩罚措施。

学生：我们不会有麻烦。

2. 老师：如果你需要使用"哭泣的椅子"，请举手。得到同意之后方可使用。

学生：首先要征询老师的同意。

3. 老师：使用"哭泣的椅子"的学生不能弄出太大的声音，不应该干扰其他同学，或引起其他同学的注意。

学生：不要尖叫。

4. 老师：使用"哭泣的椅子"的时间随个人的意愿而定。以5分钟为宜，但是如果需要也可适当延长。

学生：直到恢复状态。

5. 老师：学生和老师都可以使用"哭泣的椅子"。

学生：老师也哭?

6. 老师：其他学生不应骚扰或者戏弄坐在"哭泣的椅子"上的同学。

学生：可以哭，不准打架。

7. 老师：鼓励其他学生为坐在"哭泣的椅子"上的人祝福，或者特别关注这些人。

学生：要亲切，充满善意，为他们祈祷。

学生们几乎都对"哭泣的椅子"怀有敬意。当那个小男孩在"哭泣的椅子"上哭得难以抑制的时候，他会用双手把脑袋深埋在手掌中，偷偷地抽泣。这个孩子让我心疼，但是看到其他学生自发地为他们的同学祈福的时候，我又感到由衷的喜悦。有些学生请求我允许他们走到"哭泣的椅子"边上，拍拍小男孩的背或者拥抱他一下，希望这样能够给他一些安慰。有的时候，有些同学会静静地在他身边的椅子上放上一块糖。

经过椅子上短暂的发泄后，男孩会擦干眼睛，要求喝点水，去一趟洗手间，然后回到自己的座位。没有同学因为他曾坐在"哭泣的椅子"上而嘲笑他。随着时间的流逝，这个男孩的生活变得有序起来，他使用"哭泣的椅子"的次数也越来越少。

"哭泣的椅子"在我们班上有两年了，它给大家提供了许多有益的帮助，我真希望自己在教学生涯的头五年就开始使用它。我知道每当分离的时刻，每当老师和学生的泪水无法抑制的时候，它就在他们的身边。

坐在"哭泣的椅子"上的许多学生有着不同的原因。有时它给孩子们提供了一个哭泣的安全的场所，因为有时他们需要为一个孩子每天所遇到的考验和磨难而哭泣：膝盖的伤刚愈合又在操场上刮伤了；果汁四溅弄得自己很尴尬；因为校外考察旅行迷路而惊慌沮丧不已；因为绰号而情感受伤或者因骂人而感到羞愧。有的时候，他们的眼泪充满了哀伤，比如宠物遗失了或者祖父母去世了。对于三个被父母遗弃、不得不依靠其他家庭来抚养的孩子来说，"哭泣的椅子"提供了一个可以依靠、可以哭泣的舒适的地方。一个孩子受到邻居的骚扰，他在椅子上哭泣时，我们的心都快碎了。

在一个特别让人感到疲乏的日子里，我感到就要被教学任务、母亲的职责和婚姻压得喘不过气来了，因此，我在课上宣布，我要使用"哭泣的椅子"一段时间。我把头枕在手臂上开始哭泣。当泪水流过我的面颊的时候，我感到了许多小手的触摸。我的学生们走过来，轻轻地拍着我的后背。

老师感到了来自学生的同情。

学生开始明白老师也会像他们一样受到伤害，也会像他们一样哭泣。

双方都学会了如何去爱护对方。

人们通常在悲伤时哭泣，但眼泪并非一无是处。哭泣能使人体释放肾上腺素和去甲肾上腺素，让人发泄痛苦、获得平静。适时哭泣，将会减缓压力，而如果强忍眼泪，则可能对身体造成损伤。如果能在别人需要哭泣的时候，送上一个可靠的肩膀，还能增进彼此之间的感情。

第四辑

那个陪你
甘苦与共
的人

在爱情来临的时候，

谁都能说出"你是我最爱的人"，

但其实，

那个甘愿为你付出，

懂得你的苦与痛的人，

才是最爱你的人。

那个陪你甘苦与共的人

有人会说最爱的那个人应当是初恋的那个人，也有人说应当是自己最先产生爱意的那个人……在爱情来临的时候，谁都能说出"你是我最爱的人"，但其实，那个甘愿为你付出，懂得你的苦与痛的人，才是最爱你的人。

这天，白云酒楼里来了两位客人，一男一女，40岁上下，穿着不俗，男的还拎着一个旅行包，看样子是一对出来旅游的夫妻。

服务员笑吟吟地送上菜单。男的接过菜单直接递给女的，说："你点吧，想吃什么点什么。"女的连看也不看一眼，抬头对服务员说："给我们来碗馄饨就行了。"

服务员一怔，哪有到白云酒楼吃馄饨的？再说，酒楼里也没有馄饨卖啊。她以为自己没听清楚，不安地望着那个女顾客。女人又把自己的话重复了一遍，旁边的男人这时候发话了："吃什么馄饨，又不是没钱。"

女人摇摇头说："我就是要吃馄饨！"男人愣了愣，看到服务员惊讶的目光，很难为情地说："好吧，请给我们来两碗馄饨。"

"不！"女人赶紧补充道，"只要一碗！"男人又一怔，一碗怎么吃？女人看男人皱起了眉头，就说："你不是答应的，一路上都听我的吗？"

男人不吭声了，抱着手靠在椅子上。旁边的服务员露出了一丝鄙夷的笑意，心想：这女人抠门抠到家了。上酒楼光吃馄饨不说，两个人还只要

· 142 ·

一碗。她冲女人撇了撇嘴："对不起，我们这里没有馄饨卖，两位想吃还是到外面大排档去吧！"

女人一听，感到很意外，想了想才说："怎么会没有馄饨卖呢？你是嫌生意小不愿做吧？"这会儿，酒楼老板张先锋恰好经过，他听到女人的话，便冲服务员招招手，服务员走过去埋怨道："老板，你看这两个人，上这只点馄饨吃，这不是存心捣乱吗？"

店老板微微一笑，冲她摆摆手。他也觉得很奇怪：看这对夫妻的打扮，应该不是吃不起饭的人，估计另有什么想法。不管怎样，生意上门，没有往外推的道理。

他小声吩咐服务员："你到外面买一碗馄饨回来，多少钱买的，等会结账时多收一倍的钱！"说完他拉张椅子坐下，开始观察起这对奇怪的夫妻。

过了一会，服务员捧回一碗热气腾腾的馄饨，往女人面前一放，说："请两位慢用。"

看到馄饨，女人的眼睛都亮了，她把脸凑到碗面上，深深地吸了一口气，然后，用汤匙轻轻搅拌着碗里的馄饨，好像舍不得吃，半天也不见送到嘴里。

男人瞪大眼睛看着女人，又扭头看看四周，感觉大家都在用奇怪的眼光盯着他们，顿感无地自容，恨恨地说："真搞不懂你在搞什么，千里迢迢跑来，就为了吃这碗馄饨？"

女人抬头说道："我喜欢！"

男人一把拿起桌上的菜单："你爱吃就吃吧，我饿了一天了，要补补。"他便招手叫服务员过来，一气点了七八个名贵的菜。

女人不急不慢，等男人点完了菜。这才淡淡地对服务员说："你最好先问问他有没有钱，当心他吃霸王餐。"

没等服务员反应过来，男人就气红了脸："放屁！老子会吃霸王餐？老子会没钱？"他边说边往怀里摸去，突然"咦"的一声："我的钱包呢？"他索性站了起来，在身上又是拍又是捏，这一来竟然发现手机也失踪了。男人站着怔了半晌，最后将眼光投向对面的女人。

女人不慌不忙地说道："别瞎忙活了，钱包和手机我昨晚都扔到河里了。"

男人一听，火了："你疯了！"女人好像没听见一样，继续缓慢地搅拌着碗里的馄饨。男人突然想起什么，拉开随身的旅行包，伸手在里面猛掏起来。

女人冷冷说了句："别找了，你的手表，还有我的戒指，咱们这次带出来所有值钱的东西，我都扔河里了。我身上还有5块钱，只够买这碗馄饨了！"

男人的脸唰地白了，一屁股坐下来，愤怒地瞪着女人："你真是疯了，你真是疯了！咱们身上没有钱，那么远的路怎么回去啊？"

女人却一脸平静，不温不火地说："你急什么？再怎么着，我们还有两条腿，走着走着就到家了。"

男人沉闷地哼了一声。女人继续说道："20年前，咱们身上一分钱也没有，不也照样回到家了吗？那时候的天。比现在还冷呢！"

男人听了这句，不由得瞪直了眼："你说，你说什么？"女人问："你真的不记得了？"男人茫然地摇摇头。

女人叹了口气："看来，这些年身上有了几个钱，就真的把什么都忘了。20年前，咱们第一次出远门做生意，没想到被人骗了个精光，连回家的路费都没了。经过这里的时候，你要了一碗馄饨给我吃，我知道，那时候你身上就剩下5毛钱了……"

男人听到这里，身子一震，打量了四周："这，这里……"女人说："对，就是这里，我永远也不会忘记的，那时它还是一间又小又破的馄饨店。"

男人默默地低下头，女人转头对在一旁发愣的服务员道："姑娘，请给我再拿只空碗来。"

服务员很快拿来了一只空碗，女人捧起面前的馄饨，拨了一大半到空碗里，轻轻推到男人面前："吃吧，吃完了我们一块走回家！"

　　男人盯着面前的半碗馄饨，很久才说了句："我不饿。"女人眼里闪动着泪光，喃喃自语："20年前，你也是这么说的！"说完，她盯着碗没有动汤匙，就这样静静地坐着。

　　男人说："你怎么还不吃？"女人又哽咽了："20年前，你也是这么问我的。我记得我当时回答你。要吃就一块吃，要不吃就都不吃，现在，还是这句话！"

　　男人默默无语，伸手拿起了汤匙。不知什么原因，拿着汤匙的手抖得厉害，舀了几次，馄饨都掉下来。最后，他终于将一个馄饨送到了嘴里，使劲一吞，整个都吞到了肚子里。当他舀第二个馄饨的时候，眼泪突然"吧嗒吧嗒"往下掉。

　　女人见他吃了，脸上露出了笑容，也拿起汤匙开始吃。馄饨一进嘴，眼泪同时滴进了碗里。这对夫妻就这样和着眼泪把一碗馄饨分吃完了。

　　放下汤匙，男人抬头轻声问女人："饱了么？"

　　女人摇了摇头。男人很着急，突然他好像想起了什么，弯腰脱下一只皮鞋，拉出鞋垫，手往里面摸，没想到居然摸出了5块钱。他怔了怔，不敢相信地瞪着手里的钱。

　　女人微笑地说道："20年前，你骗我说只有5毛钱了，只能买一碗馄饨，其实呢，你还有5毛钱，就藏在鞋底里。我知道，你是想藏着那5毛钱，等我饿了的时候再拿出来。后来你被逼吃了一半馄饨，知道我一定不饱，就把钱拿出来再买了一碗！"顿了顿，她又说道，"还好你记得自己做过的事，这5块钱，我没白藏！"

　　男人把钱递给服务员："给我们再来一碗馄饨。"服务员没有接钱，快步跑开了，不一会，捧回来满满一大碗馄饨。

　　男人往女人碗里倒了一大半："吃吧，趁热！"

　　女人没有动，说："吃完了，咱们就得走回家了，你可别怪我，我只是想在分手前再和你一起饿一回，苦一回！"

男人一声不吭，低头大口大口吞咽着，连汤带水，吃得干干净净。他放下碗催促女人道："快吃吧，吃好了我们走回家！"

女人说："放心，我说话算话，回去就签字，钱我一分不要，你和哪个女人好，娶个十个八个，我也不会管你了……"

男人猛地大声喊了起来："回去我就把那张离婚协议书烧了，还不行吗？"说完，他居然号啕大哭，"我错了，还不行吗？我脑袋抽筋了，还不行吗？"

女人面带笑容，平静地吃完了半碗馄饨，然后对服务员："姑娘，结账吧。"一直在旁观看的老板张先锋猛然惊醒，快步走了过来，挡住了女人的手，却从身上摸出了两张百元大钞递了过去："既然你们回去就把离婚协议书烧了，为什么还要走路回家呢？"

男人和女人迟疑地看着店老板，店老板微笑道："咱们都是老熟人了，你们20年前吃的馄饨，就是我卖的，那馄饨就是我老婆亲手做的！"说罢，他把钱硬硬塞到男人手中，头也不回地走了……

店老板回到办公室，从抽屉取出那张早已拟好的离婚协议书，怔怔地看了半晌，喃喃自语地说："看来，我的脑袋也抽筋了……"

分手时想想以前，那个陪你甘苦与共的人。

分手时想想以前，那个陪你甘苦与共的人。一路走来，其实你们的故事并不短。时间慢慢过去，那些感动却一点一点封存。其实最疼你的人不是那个甜言蜜语哄你开心的人，也许就是在鞋底藏5元，在最后的时候把最后一点东西省着给你吃，却说不饿的人……

爱，只留在那个冬季

你可以不相信一见钟情，但一定要听从内心的召唤。如果你是单身，看到喜欢的人一定主动、及时地追求、表白，不要因为明天而错失机会。用具体的行动表达你的爱，平时的冲动、浪漫你一定要想到就去做。

我总觉得应该在冬天留下些什么，于是我做了一个雪人，再后来，我把它送给了一个女孩，最后冬天过去了，雪人也早已融化，我才明白这个冬天注定我什么也留不住。

[他说那个"冲天炮"很可爱]

2000年的元旦，4个高一女生在晚会上跳的一曲"数蛤蟆"的舞蹈，让台上台下乐成一片，4个女生中就有我——筱菁。

元旦后的一天，好友心蓉找我聊天。"你认识子轩吗？"她突然问我。

"认识，不就是你们学生会里那个文艺部的帅哥吗？"

"他说你很可爱耶！"

"啊？"我怀疑自己的听觉出了问题。

心蓉娓娓道出，那天跳舞的女孩都扎着垂下的马尾辫，就我扎着两个"冲天炮"。

"没办法，谁让我是短发呢？"

心蓉继续说："子轩一看到你，就问我们，那个'冲天炮'是谁？长得好可爱啊！"

我无语，但心里一阵窃喜。子轩是学校女生的白马王子，学习成绩优异，长得白皙俊秀。我如此平凡，只是个喜欢舞蹈的女孩，意外收获如此赞美，自是有些得意。

元旦过后，放寒假前的一天，子轩上楼来找我，跟我聊天，顺便借我的周记。他们的教室在一楼，毕业班，压力很是沉重，更何况他是老师眼中上名校的希望。这个年纪，这个年代，这个小城镇，学校和家长唯一的希望就是我们考上一所好大学。也许他也担心什么吧，以后每次他都是和一个男孩一块儿来找我。我们的谈话很简单，没有喜欢，没有爱情，也没有风花雪月，也许彼此曾想过，却不敢提及。

［他送我亲手做的雪人］

我们就这样平静地度过了寒假。开学时，我们那儿下了有史以来最大的一场雪。晚上去上自习，教室的窗台上搁着一个雪人，很精致，粉笔盒做的帽子，红粉笔装饰的鼻子，蓝粉笔做成的手臂，黑扣子镶嵌的眼睛。进教室后，好友跑过来告诉我，外面的雪人是送给我的。送我的？谁这么有闲暇？一连串的问号在我看到雪人下面的小纸条后烟消云散，是子轩的字迹，小小的纸片上只有"筱菁（收）"三个字。我抑制不住地高兴，我这是第一次收到男生的礼物，更何况还是子轩亲手做的。

下了晚自习，在车棚取车，有人叫住了我。回头发现是他——子轩，"有事吗？"在他面前，我从来不会露出任何欣喜。"你们要考试了吧？你复习好了吗？""没有，看着书就头疼。""你要好好学习啊，回头我借几本书给你，有时间的话多看看。"我点点头表示谢意。

我们是要月考了，可我还没有开始复习。我的成绩一直都不好，因为我不喜欢学习，所以心思也没放在学习上。

考试结束，我的分数自然是不高。子轩来找我，问了我的成绩，我如实告诉他。他的表情开始有些严肃，冒出了一句："我和你之间，你不要想多了。"对于这句莫名其妙的话，我生气地回答："我想什么了？倒是你不要想多了。"

我们就这样不欢而散。一晃半个月，我们都没有再联系，就是在上学的路上，我骑车路过他身边，也没有停下，甚至没有回头打个招呼。

我一直生气他说的那句话。"我哪里有想多什么？我又没有喜欢他，真是的！有什么了不起的！"我喃喃自语，一肚子不服。心蓉看着我，静静地听我的牢骚，偶尔会安慰我一句："不生气，不生气。"

[三个月后又相逢]

直到愚人节，他都没有来找过我。愚人节后的第三天，晚自习，"筱菁，有人找！"走出教室，才发现是子轩，望着他，我忽然有一种很久没见的思念感。"你找我有什么事吗？"他先开口问我。"我找你？不是你找我吗？"我不解，心里想他怎么用这么烂的开场白。

"心蓉那天看见我，说你有事找我，我这两天复习太忙，今天才有时间找你。""我没有找你啊，而且我都好几天没见到心蓉了。她怎么跟你说的啊？""前天，她看见我，说你让她捎话，说是有事找我。"

这时，我猛地想起，"前天？前天是4月1号，天啦，前天是愚人节，她跟你开玩笑的吧？你被她骗啦，傻瓜！"他也恍然大悟："对啊，大概这段时间太忙了，复习太紧张，只想着高考那天，都忘了日子了。"

"呵呵……""哈哈……"

很开心的晚上，因为心蓉的小玩笑，我和子轩又聊了好一会儿，完全忘记了曾经的不愉快。那天之后，我甚至很感谢心蓉，因为她，我和子轩才又像以前一样有说有笑。

15岁的我太小，有这么个优秀的人对我好，只觉得有些发自心底的骄傲和得意。

[那个冬天他什么也留不住]

7月的脚步越来越近，我们很少碰面。因为子轩的梦想是去那所有樱花盛开的高校攻读法律，不会因什么而改变。6月底，我们结束了期末考试，就要放假了。

晚自习，心蓉递给我一张卡片和一封简短的信，打开信，字迹太熟悉了。"筱菁，提前的祝福，生日快乐！因为我担心被高考缠绕，到时会不记得给你生日祝福。一直以来，我都认为有雪的冬天才是真正的冬天，后来真的下雪了，我总觉得应该在冬天留下些什么，于是我做了一个雪人，再后来，我把它送给了一个女孩，最后冬天过去了，雪人也早已融化，我才明白这个冬天注定我什么也留不住。今年冬天我很高兴认识你，你知道吗？其实我暗地里一直叫你'小雪'，因为你是个单纯如雪的女孩。但和你接触多了，却发现我们之间差异很大。我想努力，但今年的9月，我就要去我梦想的那所高校了，而你还要在这里学习两年，我不想因为我现在所做的一切，影响你今后的生活。你是个很优秀的女孩，但优异的学习成绩会让你更加出类拔萃。我祝福你！永远的朋友：子轩。"

看完信，我第一次为一个男孩泪流满面。我从未承认自己喜欢子轩，他也从来没有说过喜欢我，但我还是哭得一发不可收拾。

在高考前10天我们要放暑假了，离校前我去把书还给子轩，因为也不想留下些什么。简单的几句寒暄，还了书，我用一句"祝你一切顺利"结束了对话。

我不明白，不爱，为什么会哭；不喜欢，为什么会流泪；不在乎，为什么会心痛。只可惜，15岁，我还不懂爱。

[爱只留在那个冬季]

子轩高考后，我们没了联系。听心蓉说，他如愿去了那所有樱花的高校。接下来的日子，我和以前一样，并没有因为子轩的离去而改变什么。我过得很快乐，也很充实，我努力学习。后来我也考上了有子轩在的城市，不同的学校。

大学依然没有恋爱，因为总没有人能让我心动，让我有想恋爱的感觉。我每周和好友一块去那所有樱花盛开的学校修第二学位。

那天下课，我和好友边走向车站，边聊着当天的课。忽然有几秒钟，我的思绪静止，然后转过身轻声喊了一声"子轩"，那个刚刚推车与我擦肩而过的男子回头，是他，太久没见了，是啊，5年了，他清瘦了很多。"好久不见，你好吗？""还不错吧。你呢？""我在复习考研，想去北京。""是吗？那很好啊。""……"一阵无语。"那我先走了，再见。""再见。"我们都礼貌地向对方微笑着告别。

一路上，我脑海里不停回想曾经的一幕幕。我找出那时的日记，一篇一篇重新阅读，竟然泪流满面。看着自己的文字，自己的心情，自己的故事，现在的我才明白，那时的他是喜欢我的，而我也是喜欢他的。彼此避讳的只是因为是那个年纪，那个年代，那个小城镇。

我想如果那时的我们有现在对待感情的心态，哪怕只有一点点，就不会轻易错过彼此。5年前的感情，5年后才明白，对谁来说，都只是意味着遗憾，因为过去就是过去。

我终于明白，爱，只留在那个冬季。

回忆这东西若是有气味的话，那就是樟脑的香，甜而稳妥，像记得分明的快乐，甜而怅惘，像忘却了的忧愁。年轻时我们放弃，以为那只是一段感情，后来才知道，那其实是一生。因为记忆中的曾经太美好了，美好到即便是再狠心的人也舍不得去忘记。

一个都不少

好爱情是一碗陈年的汤，什么时候喝都滋养你，而且年头越久，越会历久弥香，这碗汤里，夹杂了人生的酸甜苦辣，夹杂了你和她的所有记忆，夹杂了青春里的爱情和芬芳，你可以忘掉爱情，你却忘不掉爱情的这碗汤。

[跟你做个伴不好吗]

我跟姐姐站在在一起，很多人分不清谁是谁，两兔傍地走，安能辨我是雄雌？

我俩是一对双胞胎，我叫小鱼，姐叫小双。

只要一开口我就原形毕露了，高声喧哗的那个肯定是我了，而姐姐小双很文静，像一朵睡莲。

奶奶总是笑着说，生错了，肯定是个小子，怎么变成了姑娘呢？直到22岁了，我还像假男生，至今还未有男友，不好意思。

我对小双说，男人都喜欢温柔的女子，男人不追我倒也罢了，怎么对你也不来电？小双依然笑，说，跟你做个伴儿不好吗？

这么好的俩姑娘，竟然待字闺中，奶奶一边说是不是男孩儿都如她一般的老花了眼，一边说她要给联合国打电话，让潘基文先生帮着找俩好男娃解决小双小鱼的婚姻大事。她说了几年了，始终也没打。

我那次问她，她说关键是没有潘基文先生的电话号码。

我哈哈大笑。我笑完，奶奶说：你能不能抿着嘴笑？

［这个男人好玩死了］

老板让我跟洪程一起出差。我大叫，老板，你也太胆大了吧，你怎能让一对孤男寡女一同出去，你就不怕犯错误？老板笑眯眯地说，你把好最后一关就行啦。洪程白了我一眼，一言不发，那样子有一点酷。

按说洪程也是个帅哥，当然我也是一个美女，可我俩就是不来电。我问洪程，你想要个什么样的女人哪？他死死地盯着我，我以为他要向我表白点什么，忙说别，别，第三个别还没说出口，他歪瓜裂枣一样地笑了说，肯定不是你这般的生猛海鲜。

切，算我自作多情一回。我并不生气。我想跟他同事3年，要有火花，早擦出来了，说不定都是满天灿烂了。只是他连满足一下我的虚荣心的话都不说，未免太不解风情了，未免太木鱼了。

出差回来，我丢掉行李就冲卫生间洗澡去了。一边洗一边唱歌，洗完了像平常一样穿着睡衣就出来了，哈，沙发上竟然坐了一个年轻的男子！我定定地看着他说，哪路神仙？

姐姐说，他叫李彬彬。姐姐羞涩的样子把我逗乐了，又是一连串哈哈地笑，妈妈说，小鱼不要笑了，看你把小李笑得不好意思了。说不定，回头还是一家人呢。妈妈这样一说，我冲李彬彬做鬼脸说，男孩相亲最不容易过丈母娘这一关了，看来你洪福齐天，你可以叫她妈妈了。

李彬彬的脸一下红透了，像个苹果。他那慈慈的样子让我心动了几下。

妈妈包了饺子，李彬彬只吃了几个，放下筷子，说饱了，那么大个个儿，分明是没饱。我再一次调侃他说，我妈妈是个医生你知道不，她最见不得男孩吃不了饭，她会认为你的胃有问题。

妈妈也要他别客气。于是，我把一盘饺子倒在他的碗里。等他快吃完时，再倒他一碗。

这样，李彬彬吃到最后，直翻白眼。

[洪程]

那天老板一本正经地说要介绍一个男友给我，说着就叫洪程进来。我俩不约而同地大笑。

老板说，莫非已经私订终身？

我们都把头摇得拨浪鼓一般。

老板说，你俩平时吵吵闹闹的，我发现你俩心里都有那意思，只是不好意思，今天我就捅破这张窗户纸。

我说，没想到你还想当老槐树，还想当喜鹊？人家洪程没那个意思，不想当董永当牛郎，你这不是拉郎配嘛。老板笑说，你看洪程那张脸，天哪，他还知道脸红？

我和他平时像兄弟，除了没告诉他我的三围外，我敢肯定他连我的好朋友到来的日子都知道，那几天无论是工作还是生活上他对我都特别照顾。莫非他真的对我有意思？

洪程脸红了。他说，可你也不是仙女哪。

真是气死我了。下班的路上我问他为什么脸红，他说，老板说胡话哪，他捅窗户纸，咱们哪有窗户纸捅哪！

[群众演员演技也很到位]

奶奶从北京姑姑家打来电话说，要到我家过生日，说到时不要办什么酒席，但要各自把男友带回来，算是为她老人家70华诞献礼。妈妈传达了电话精神，说当务之急，就是做好献礼工程。说到这儿，妈妈看着我说，小鱼，抓紧点啊。

我为这事头都大了，这找对象又不是打货，到了货场掏钱了事。

洪程心细，问什么事难住了我，我只好说了献礼的事。谁知他做出一副壮烈的样子说，我冒充一下，这样的事我不下地狱谁下？看在熟人的份上，按每小时50元收取演出费。

奶奶的大寿如期来临。洪程的表现让全家上下都满意，特别是奶奶很高兴，她一手拉李彬彬一手拉着洪程的手不放，一个劲地说好，他俩孙子似的点头哈腰。

背地里我给洪程许诺回头多给他演出费，没想着他这个群众演员演技也很到位。

洪程一副心不在焉的样子，却不停地用余光看姐姐，那小心翼翼的样子很好玩。我俯到他的耳边说，你还有这种爱好？说话时一手掐了他的皮，死拧。肯定很疼，可他不好作声，只好忍着。

我告诉他偷窥，非君子所为。洪程说，只是看看姐姐和我有什么不同。

洪程名正言顺地出入我家了，我不让他去，因为他的使命已经完成。他自个做主地去了，在奶奶面前他乖得不得了，转个身，眼睛就不老实地在姐姐身上晃。

别做梦了，不见人家身边有王子？我臭他。

他说，小鱼，你难道没发现他俩有问题？哪有谈恋爱那么长时间了还是规规矩矩的。

那你说谈恋爱该怎么样？

倒不是要搂搂抱抱的，而是眼睛会不经意露出一些秘密。

我愣了一下，觉得他说得很对，以前看姐姐和李彬彬默默地坐在一起，想俩人真是般配，都喜静。现在想来是有些异样，不是谈恋爱两人老待在一起有什么意思呢？

我叹一口气说，算我引狼入室了。

［不是水来土掩那么容易］

有天晚上，我看见李彬彬一人坐在咖啡馆临街的窗前，就走了进去，嗨的一声，吓得他弹了一下，见是我，立刻慌着把桌子上的烟收了起来，我看见那是一种叫七星的烟，我的至爱。我知道他从来不吸烟的，没想到他却躲着抽。

我本来想问为什么，却从他慌乱的表情中发现了秘密。我的心立刻跳得起伏，人跟着也逃了出去。

我像是一个犯了错的女生，不知道该不该把这么重要的消息告诉姐姐。这时，洪程过来巴结我了，他说今天想去我家。我没好气地朝他发了一通火，洪程说我肯定是吃了枪药了！

下班下楼，有人喊。回头看是李彬彬。他站在我面前结结巴巴地说，小鱼，昨晚有点儿失态，我实在是……他的眼睛亮亮的，声音是嘶哑的。他昨晚一定也没睡好。我说，嗯，我知道了。

谁知他接下来的话却让我花容失色。他说，你知道吗，我一直想不清为什么喜欢去你家，后来我知道了，不是为了你姐小双，而是因为你。自从我第一眼看见你，我就知道我喜欢上了你，我很努力按捺住那颗要跳出来的心，因为别人给我介绍的是你姐姐。就因为她是你姐姐我一直不敢跟你说，可我爱的是小鱼你哪。

他那因激动而有些变形的脸，让我怦然心动。爱情来临了，不是水来土掩那样容易。

[李彬彬怎么样]

洪程要约会小双。我说，你死心吧小双不是那样的女孩。

他很有信心，说着就打电话，几句话下来垂头丧气。我说，王子请问你的公主呢？他直翻白眼。

回家姐姐问那个洪程怎么回事？我说，是我请来安慰奶奶的，当差的啊。姐姐微笑着说怎么可能？

姐姐不知道我喜欢李彬彬，李彬彬喜欢我。自从认识他后，我明白了这么多年不肯恋爱的原因，因为所接触的都是跟我性格相仿的男孩，可我心底里还是想有个沉静的怀抱，不是很浪漫但要踏实。

我问姐姐，李彬彬怎么样？她沉默了一会儿说，我们刚刚分手。我说，太好了。

姐姐愣愣地看着我。

[看我的]

洪程问我王子要怎样才能赢得公主？我说多买几本童话书看看就知道了。他果真抱回一些书来说是要以实际行动来征服美人心。我笑他痴，他说有人比他还痴，每天茶不思饭不想地念着别人的名字。我自以为藏得很深的秘密让他给识破了。

他说不要装了，我还不了解你？能让你变得忧郁的除了爱情之外不会有别的了。我不得不承认他聪明，可这么了解我的人我却爱不上他，也真是件憾事。

索性，我告诉他我跟李彬彬的事。

洪程说他去找小双说。我问，你怎么说呢？他说，你不用管，看我的。

[姐姐低着头像是一朵温柔的睡莲]

不知洪程是怎样跟姐姐谈的，反正我是两天没回家，怕看见姐姐的眼神。星期一上班没见到洪程，倒是姐姐打电话约我中午吃饭。

一上午我的心乱跳不止，好容易等到姐姐过来。

姐姐说，洪程不错，人帅口才也不错，听到李彬彬喜欢你的时候我真的很生气，但后来我不生气了。洪程说每个灰姑娘都有自己的水晶鞋，但有时候王子送错了，试试穿不上就再等你自己的鞋子；也有时候送的刚好你能穿上，穿穿你就发现根本跳不起舞来，只好脱了再等自己的王子送鞋来。在公主们的穿穿脱脱中你的水晶鞋终于送来了，你会发现你的王子和水晶鞋是世界上最美的，你也就不会怪给你送错鞋的王子了。

姐姐说那么好的男孩你怎么看不上，我都有点喜欢他了。低着头像是一朵温柔的睡莲。

[不解风情的王子]

洪程一脸坏笑地说下班让我等他。

我在楼下等了十几分钟也不见他，准备打电话骂他，抬头看见他和李彬彬勾肩搭背地在说着什么。

他俩走到我跟前。洪程说，我把人找来交给你了。说完头也不回就走了。

我夸张地伸出双手说，你是给我送鞋的王子吗？

他莫名其妙地看着我说，什么鞋，洪程没说你要买鞋啊？

我怎么就喜欢上了一个这么不解风情的王子？心里却认了。

[反正外人也看不出你们换了，算啦]

奶奶又打电话来说好久没见我和姐姐了，还有李彬彬和洪程，要回来看看我们。于是我们四人约好一起去机场接奶奶。

奶奶左看看右看看说，好像有些不对呀？是不是站错了呀？四个人异口同声地说，没错，一个都不少。

她老人家恍然大悟地笑了说，不少就好，不少就好。反正外人也看不出你们换了，算啦。

真正的爱情，不是一见钟情，而是日久生情；真正的缘分，不是上天的安排，而是你的主动；真正的自卑，不是你不优秀，而是你把她想得太优秀；真正的关心，不是你认为好的就要求她改变，而是她的改变你是第一个发现的，真正的矛盾，不是她不理解，而是你不会宽容。

找好自己的位置

执着的你在心中狂热地爱着一个人，一个不爱你的人；执着的你在心中彻夜思念着一个人，一个放不下的人；执着的你在心中整夜默默祈祷着，祈祷着愿他安好；执着的你在原地一个人静静地等待，等待缘分的到来。

[1]

方伟佳喜欢方紫，已有10年时光。

初中就是同学。只是那时的她对于方伟佳而言，不过是一个符号——每次考试的年级第一名，雷打不动。

方紫不会在教室里几人抱团，絮叨谁人的不是；也不会跑到商店买一堆零食在所有男生面前大快朵颐毫不在意自己的吃相；更不会看到帅气的男生经过时口水都会流下来。

她不像其他女生那么简单和轻浮——却也没什么意思。

就是这样的方紫，初二时，却在班内的两个男生打架打得桌椅横飞之际猛地蹿出来，拉开两人中的一个，愣是甩出3米多远。大家目瞪口呆之际，她已经慢吞吞地回到位置上，仿若一切没有发生。

方伟佳愣在原地，心想，方紫，还真是一个有意思的人。自此对方紫开始格外关注起来。

虽说是关注，却也没有什么更进一步的动作。方伟佳当时所能做的，仅仅是在晚自习轮到她维护秩序时，一声不吭。或者在她办黑板报遭到其他调皮男生的刁难时，用很小但足够大家都听到的声音说："不错啊，挺好的。"

保持这样的状态，直到方紫和自己直接升入本校高中部。

方紫分在方伟佳的隔壁班，还是雷打不动地杵在年级第一的位置。也因此被愤愤不平的群众起了外号，叫"考死你美惠子"，简称"美惠子"。每当听到大家私下里议论，方伟佳内心居然喜滋滋的，仿佛在说自己。

而意识到喜欢上她，是有次方紫做阑尾炎手术，整整一周没有来学校。

一周等于7天，等于168个小时，等于10080分钟，等于604800秒，也就是说，自己整整有604800秒没有见到方紫。

方伟佳坐立难安。

他不敢去医院看她，那时的他敏感而又自傲，不愿意承认对方紫的感情，但事实却是，骨子里觉得方紫不会喜欢自己吧？

她是那么一个要求完美的人。听说有次中考模拟，满分是780分，方紫总分是760分还大哭了一场……如此追求完美的女生，怎么会选择在大学之前恋爱，又怎么会爱上方伟佳呢？

方伟佳斟酌再三，觉得就这样默默爱恋下去，尽自己所能地对她好，只要自己在付出的同时觉得快乐，没有回报又有什么关系呢？

方伟佳同时在心里暗暗告诫自己，一定要和方紫考进同一所大学去。

自此，方伟佳会在上学时看自行车棚里她的车到了没有，下雨时担心她没带雨具，生日时精心挑选礼物……

那时他们的交流，仅仅是见面后一句轻轻地"嗨"，或者"这么早"，"刚走啊"之类。对于方伟佳而言已是极大的满足。他收集并保存着和方紫所有的记忆，和方紫在一起，已然成为他的第一个人生计划。又仿若一趟旅行，他准备着旅行之前所有的装备。

[2]

时间流逝飞快，已经不记得无数个挣扎复习的通宵，也不记得在便笺纸上写了多少个方紫的名字，那是方伟佳的动力，是她支撑着自己，使自己不放弃，终得和方紫考入同一所大学。

从拿到录取通知书开始，到大学里初次见面，大学四年，直到追随她到现在的公司——方伟佳曾经有意无意对方紫有所表露，但她总是闪烁其词，不答应也不拒绝。

他从大一起开始打零工，做家教，贷款买房，到今年参加工作之前，只剩下两万没有还清。

他曾幻想与她一起设计房间的装饰、家具、窗帘的样式……他知道她喜欢照相，于是苦学人像摄影，曾为她拍过一百多张或惊艳或淑女的照片；她本科毕业时，他花巨大的心力为她修改毕业论文；他知道她喜欢吃糖醋里脊，他不惜去餐馆免费打工一个月……

他在没有任何回报的情况下，为她做了那么多远比亲人、远比男朋友还要多得多的事情。

整整10年。

为她，他曾谢绝了太多的介绍人。她住在他的心里，他绝对不会允许再进来第二个人。

曾有两个男生追求她，可没多久，便纷纷倒戈。那时的他还傻傻地觉得自己胜利在望，再次向方紫告白。

"哦，这样啊，哎，今天的咖啡好像淡了些。"脸上是淡淡的笑。

"方紫，我……"

"改天再说吧，我今天不想说这个。"转过头，"服务生，埋单。"

每次都是这样，轻易地被她躲避过去。方伟佳因为准备太久，所以更加怕输，觉得这样的答案总比直接拒绝好。

可是，这么些年，他有些累了。甚至会对她有所恨意。恨意无处发泄的时候，他便不再打电话给她。不去贱巴巴地给她煲汤送饭。上班的时候也不肯和她说话。

每当他这样刻意疏远她，她又主动来找他，主动说笑，甚至买他最爱吃的芒果蛋挞。

可是当他再提出和她在一起，她又顾左右而言他，方伟佳连插嘴的份儿都没有。

这日，在方伟佳彻底还完所有房贷之后，给她打电话，要她陪自己去赏樱花。

这次，不论如何，自己都要抓住机会——不论她怎么闪躲，这么些年，总要一个了断才好。

[3]

四月的华美公园，樱花开得正欢。

走到公园深处绿草地旁边的一个长椅时，方紫说有些累，他们便坐下。

他终于鼓足勇气，说道："方紫，这是我最后一次向你表白，我希望给我一个明确的答复，如果你愿意，我们以后便在一起。"

整个公园似乎都安静下来，他听到自己紧张的喘气声："如果不，也请你直接回绝我。或许，这样，对你我，都比较好。"

良久，他终于听到她说："对不起。"她说："方伟佳，对不起，我……我曾经试过很多次，但你不是我的梦里人。"

这一天，终究是来了。

他不知道她后来又说了些什么，只感觉自己像是被扔到了一个真空的玻璃罩子里，听不到任何声音。世界的喧嚣，人来人往，全与他无关。

越剧《红楼梦》有这样一句唱词："天塌一角有女娲，心缺一角难补全。"他便是那样的情形吧。

他向单位请了一周的假。一周假期后，他突然想通。思来想去，干脆委托朋友帮他办理了辞职手续——既然真的无法和她上路，那么，索性彻底没有交点吧。

[4]

一年后，方伟佳遇到现在的妻子彦一。她性情爽直、大方，也很漂亮。

登记之前，他想起这件事，总觉得，要和彦一说清楚，才算得上公平。

在他一番讲述之后，彦一好久都没有说话。一抬起头，他看到她红红的眼圈，一时手足无措："彦一……你怎么了？"彦一用手擦擦眼睛，有些不好意思："方伟佳，你是世界上最笨的人了。爱得那么用力，我很心疼你……"

他犹豫着，猜不出她话里的真假。

彦一又接着说："只是，我觉得这女生太有心计了。给你打个比方，就像在等公共汽车，她一心想等豪华大巴，可是来来往往全是小公共，坐小公共吧，她又不甘心，但豪华大巴却一直不出现，反正已经等了很长时间，索性等下去，不信大巴不来。"

"是这样的吗？原来我在她眼里，只是个小公共啊。"他的心，又开始涩涩地疼。

彦一又说："是你没有爱情经验，难道不知道追求一个女孩超过一年仍不能得到她的心，那么她绝对不适合你吗？"

"这……没有人告诉我这个。"

"你付出那么多她一点儿回报都没有，你都不在乎？"

"我觉得如果爱一个人，是不会求回报的。"

彦一突然大笑："我告诉你，不求回报的爱，不叫爱，叫犯贱。不过，话又说回来，年轻嘛，不懂事，以为只要执着就什么都可以改变。"

这句话让他如梦初醒，他喃喃自语着，竟说不出一句话来。

彦一有些心疼，扳过他的脖子，说："痴情一定要认准对象，有些人是不值得付出太多的，伤害了自己别人也不领情，但这也不怪你啦，因为谁都不能保证自己的爱自始至终都没有偏差。所以，我原谅你啦。"

他勉强笑着点头，捧过彦一的脸，在额头上重重一吻。

或许我们都曾为爱情痴迷，可那一定不是我们的错误。每个人都无法保证他的爱，自始至终都不偏离，却绝对可以保证当他找好自己的位置时，好好珍惜。

就像辞职后的方伟佳，相信在不远的地方，肯定有那么一个人在等着他，只是他没有找到她而已。换句话说，他和方紫之所以没有在一起，就是因为上天为了安排他和彦一相遇。

那么，方伟佳，你终究是个幸福的人。

爱情是两个人的事情，是两个人的努力，一厢情愿不是爱，那是伤害。爱情就像是相距一百步的两个人，彼此慢慢靠近。因为爱，我可以向你迈进九十九步，可是你却尚未迈出你的那一步，无论我付出多少努力，却永远无法真正靠近你。爱不到，还不如趁早放手，也许，转角就会遇到你的真爱。

等待下一个季节

情重所有的人都喜欢丈量爱情，而且量的单位用厚、薄、深、浅，常常用深厚来与浅薄相对照，每个人都痴迷地执着自己爱情的深厚。

11岁的时候，他喜欢上教他国文的女老师，老师25岁，有一对黑眼珠和深深的酒窝。

那时他的父亲种了一亩玫瑰，他每天偷剪一朵，起得绝早，在暝色中将玫瑰放在老师讲台的抽屉里，然后回家睡觉，再像没事儿一样到学校上课。老师对每天的一朵玫瑰查了好几次，但从来不知道是谁放的。他也不敢承认，只要看到老师每天拿起玫瑰时那带着酒窝的微笑，他就一天都很快乐，甚至哼着小调回家。他在老师抽屉放玫瑰花足足放了两年，直到他从乡下的小学毕业。20年后，他的老师还在乡下教书，有一回在街上遇到，老师的头发白了，酒窝还在，他很想说出20年前那一段属于玫瑰的往事，但终于没有说出口。让玫瑰有它自己的生命吧！那样已经够了，他想。

金急雨是一种花的名字，花谢时像乱雨纷飞。他常站在她家巷口前的金急雨花下，看着落了一地的金黄色花瓣。有时风起，飘落的花瓣就四散飞去，但不改金黄的颜色，仿佛满天飞起的黄蝴蝶。

有4年的时间，他几乎天天在花下等她，然后一起走过长长的红砖小道。

他们分开的那一夜是在金急雨花的树下，他看着她的背影沉默地消失在黑暗的巷子，心中一片茫然，往事如同电影放映时的片段，一幕幕地从黑巷里放映出来，他一滴泪也没有落，竟感觉那夜的星星比平常更明亮。

　　他捧起一把落地的金急雨，让它们从手指间静静地滑落，那时他真切地体会到，如果金急雨不落下，明年就没有新的芽，也不会开出新的花。萎落的花并非死亡，而是一种成长，一种等待，等待下一个季节。

　　相识的时候是花结成蕾，爱的时候是繁花盛开，离别之际是花朵落在微风抖颤的黑夜。为了体会到这种惊奇的成长，他竟落下泪来。

　　平静相守真正爱情的可贵不在于突破、创造，能够平静地相守才是真正的可贵。因为"守静"不只是爱情，也是生命的最高情操。那样的感觉像是：航过千辛万难、惊涛骇浪而渐渐驶进一个安全的港湾，纵任有万劫不复的情爱，终也会倦于漂泊流浪吧。

不是我干的

　　成长，是我们由幼稚走向成熟的过程，在这个过程，我们要付出永远不能再拥有的代价。在这个过程，我们失去了很多的东西，作为成长的代价。

　　我跟在舅舅的身后，踏进厦屋的门槛，心跳开始加速。"说！匣子呢？"舅舅的唾沫星几乎溅到了我的脸上。我不能很快在房间里找出匣子，找到匣子里的20元，我就死定了。舅舅气冲牛斗的架势，把我远远地推向他的对立面。他崇尚武功，一直后悔当年没有参军入伍，平时动不动爱对自己和别人来两下子暴力。他喜欢似真似假的"家庭审讯"。如果"审讯"有旁人在场，那人再奉承他像一位断案如神的优秀警察，那舅舅便会认为他早应该去当公安局长了。

　　舅舅的目光像刀片一样划过我的脸。依据他多年混迹社会的经验，加之我从始至终身体上的局促不安，更为重要的是母亲深信不疑的态度，支持了他那种习惯性的想象推断。他的臆测要在我痛痛快快的"招认"中变成事实。同时舅舅情绪化的性格又推波助澜地使他无意中制造出了警察与小偷对峙的严肃气氛。

　　我跟舅舅承认是我偷了那50元，挥霍掉30元，剩下20元。剩余的钱藏在老家的木匣子里。天知道我怎么会说钱在木匣子里，我清楚我这样说的后果，一个敏感的青春期的少年怎么会轻易背负起这么一个让人唾弃的骂名。我鬼使神差地将沉重的石块压在自己稚嫩的肩头，我不仅承认是自己干的，而且还详细地讲述了偷盗的整个过程。我的心开始下沉，灵魂在身体里游荡……舅舅笑眯眯地走近我，摸着我的脑袋，说，早说就对了。

1990年，父母在镇上租了沿街的门面做生意，因为住房紧张，我寄宿在舅舅家。白天放学回父母那里吃饭，晚上睡在舅舅家。一天晚上，母亲把舅舅家的大门砸得嗵嗵响，舅舅家人急忙开门，问母亲发生了什么急事。母亲不语，铁青着脸进了里屋。很快我从被窝里被叫起。原来母亲在晚上清点当天收入时发现少了50块钱。母亲和父亲思来想去，认为我的嫌疑最大。理由是：别人肯定不会只拿走50元。这个数目对刚刚起步做小本生意的父母来说不是一个小数字。母亲的头发纷乱着，她狠劲地追问我把钱放在什么地方，偷钱做什么了。我坚决不承认钱是我偷的。母亲急得手抖起来，眼睛里蓄满了泪水。舅舅见状劝母亲先回去，他应诺母亲天亮之前由他负责把钱追回来。

从9点一直到12点我已经被"讯问"了4个多小时，再这样下去我就要呕吐了，从未经过这样的阵势，恐惧愈来愈强烈地占据了我的内心，怯弱融解了坚硬的外壳，泻流出来的苦涩被自己一勺一勺地吞咽。凌晨1点左右，我承认是我所为。我出卖了自己，给自己的灵魂加烙了耻辱的印迹。我这时的态度舅舅很满意，他迅速用摩托车带着我去老家的厦屋取回剩余的钱。

我抱出尘封已久的木匣子，舅舅布满血丝的眼睛倏然一亮，他掀开匣盖，埋头一阵翻找，里面没有钱。"警察"感到被愚弄了，他吼起来，钱呢？我被他的声音吓得退缩到墙角，面对连环炮似的追问我没有退路，只有继续欺瞒着自己的良心，这场猫捉老鼠的游戏才能得以终结。我想了想说钱买腊牛肉吃了。舅舅此时没有注意到我闪烁不定的眼睛，如果他能认真看一下我的眼睛就会很快戳穿我的谎言。或许是他有点累了。他燃起一支烟，来回在屋里踱着步子，嘴里还咕哝着什么。过了一会儿，舅舅停下脚步，给我手里塞了一个东西。靠在墙角的我，睁开半合的眼睛，发现手里多了一张钞票。不多不少正好50元。见我想说话的样子，舅舅摆摆手，示意我安静。

"你妈的心脏不好，受不了这个急……"我的心陡然被这句话击痛了，一层又一层的痛感从心里向外扩散，牙齿痉挛得在嘴里跳舞。我明白了眼球血红的舅舅的用意，但我想再次在他面前表明我的清白。我郑重地"出尔反尔"地对他说，不是我。舅舅的反应很平静，他对着我笑了笑。

车灯的光束穿过黑暗，劈开一条明亮的直道。崎岖的村路使我们像簸箕里的种子不断上下颠抖。风吹着我的头发，一片树叶掠过我的脸，又翻卷着落到了地上。我在深夜里盼着天亮。

第二天的清晨，舅舅领着我给母亲送钱。母亲已经病倒在床了。我走进房间，来到床前，强忍着鼻子的酸楚，叫了一声妈，我说我知道错了，以后再不敢偷钱了。母亲扭过头，我发现她的脸颊淌满了泪水，母亲挣扎着坐起来，她用手指着我一字一顿地大声告诫我："永远记住，人不能做贼。记住了？"我喏喏地答应着，心如同刀绞一般。

我来到野外的一片玉米地。绿色的海洋拥抱着我，我定定神，哇的一声大哭起来。我在一天一夜遭受的所有悲愤、委屈、痛苦都将在哭声里得到彻底的释放。我哭我是贼，我哭我被大人冤枉，我哭我的命运。心里层层叠叠的块垒要通过哗哗的眼泪全部排泄出去，让我的眼泪洗刷我的耻辱吧。"老天爷，我不是贼……"哭天喊地，飞鸟惊心，四周长长的玉米叶子不时轻轻碰着我的身体，似乎在安抚着一颗受伤的心灵，同情我遭遇的不幸。

以后的日子我不再相信眼泪，因为少年已经长大。

事情过后的第二年，我光荣地加入中国人民解放军队伍。亲人们送我走的那一天，舅舅在车窗下面紧紧拉着我的手，给舅写信，别记恨舅呀，一定！他的喉咙开始哽咽。"一定！"我的眼睛也湿了。

汽车就要驶出武装部的大门，我从车里探出头对他们喊了一句，不是我干的。父母和舅舅他们互相看了看，不明白我在说什么。舅舅追着车跑，他问我想说什么，我准备对他重复一遍，然而地方欢送新兵的锣鼓、鞭炮、秧歌在这一刻欢天喜地响了起来，他们最终不懂这句话的意思。

成长降临我们的同时，也给我带来了一份沉重的礼物——责任——它的确重重地压在了我们的身上。因为成长无可选择，那么承担责任，自是无法选择，当越是成长，这肩上的责任便越多、越重。但我们也无须抱怨，因为这便是成长，责任是成长的宣言。

那盆茉莉开花了

　　每个人对于自己的学生时代都有着不同的记忆，这些记忆有苦、有甜、有欢笑也有泪水。在回忆里有些人是一辈子也忘不掉的，其中陪伴你度过每一节课的同桌最是难忘。在你脑海里他们可能是你最好的哥们儿，是最好的对手，也可能是你默默爱着的人。

　　公元1999年，我的日记本里记录了三件大事。第一件，美国轰炸我国驻南联盟大使馆；第二件，我走进了高中的大门；第三件，我有了一位富有的同桌。

　　同桌的父亲在一家公司当老板，家庭非常富有。入学第一天，我的同桌在他父亲公司的一位姐姐的陪同下出现在我眼前。分班仪式时，这位姐姐一直等在教室外面。知道我将和她老板的儿子共用一张桌子，她就将一瓶饮料递到我手里，并给了我一个比那瓶饮料还甜的微笑。直到很久以后，我才知道了那个微笑的含义。

　　很快，同桌向我提出了第一个要求：把我的作业本借给他。我慷慨地交出了我的作业本。此后，他总会在老师之前先阅读我的作业。因此，我俩的成绩也经常惊人的一致。更惊人的是老师竟然一直没有发觉。

　　同桌也是一位很慷慨的人。他慷慨地向我提供了他书包里的一切：漫画书、游戏机，卫斯理、古龙和金庸的著作，以及其他一些令那个年龄的男孩子热血沸腾的东西。或许你会奇怪，他书包里装这么多东西，还装得下课本吗？我可以很负责任地告诉你：他的书包里从来不装课本。他父亲曾经问过他，他的解释是，老师从来没留过作业，当然也就不需要把书本带回家。他的父亲被他的成绩单所迷惑，也就不再追问。

那时候学校号召我们装点自己的课桌，我从家里端来一盆茉莉花。那盆刚种下去，连叶子都没长出多少。我同桌看那花盆好久好久，嘴里嘟囔着："春天来了，春天了，什么都发芽了……"我一时没领会他的意思，顺口说："是啊，都发芽了。"他忽然一拍大腿："我知道我要做什么了。"

他为自己找了一项新的事业：恋爱。

我的同桌在他的高中生活开始了三个月之后就开始了他的恋情，或者说明白点儿：单恋。对方是班里最漂亮的女孩子。一开始他想吸引那女孩子的注意，但他做得极为隐秘，包括我在内，没人知道。后来，通过我同桌洗得越来越白净的脸，换得越来越频繁的衣服，梳得越来越整齐的头发，我判断到了所谓"春天了，春天了"是什么意思。但那女生给他的目光并未因此而增多。我的同桌在下定决心之后，终于做出了惊人之举。在那女生生日的那天，他将一个直径三米的蛋糕送到了那女孩子的宿舍楼下，蛋糕上绘制着精美的图案，下面则是玫瑰花堆成的底座。全校为之轰动，两人的关系因此迅速拉近。

我同桌后来转到其他学校，那女生也转学去了那里。

我的第二位同桌随后登场。

这位同桌是转学来的，他父母在美国工作，他跟他的祖父祖母一起过。祖父是位古董收藏家，家资殷实，已经60岁了，而他太太的年龄是36岁。

据说能打动年轻女人的老人必须具备四点：像狮子一样威风；像家猫一样温柔；像老鼠一样狡猾；像金钱豹一样富有。我到这位同桌家去过一次，他的祖父显然具备以上四点。

有其祖必有其后，我的同桌更是青出于蓝而胜于蓝。我还记得我们俩见面的第一天，他开口的第一句话是："哥们儿，咱班最漂亮的妞是谁啊？"

说句良心话，此君在女生中还是比较受欢迎的，至少，他口袋里的钱不比我第一位同桌少，而且长得比较帅。在他转入我班的第三天，就收到了一位女生送来的情书。他笑而纳之，放学后就把它扔进了垃圾箱。照他的话说，他认为那个女生不够漂亮。

一个星期后，此君开始了自己的主动出击。因为本校以培养理科生为主，男女比率阳盛阴衰。他出击了一个星期，败兴而归。我苦口婆心地劝他，他一边低着头听一边看我的那盆花，此时茉莉已经长到了半尺高，翠绿晶莹，着实可人。他眼睛一亮，忽然大声说："好了，我有办法了！"

他给自己找了个"风雅"的兼职工作：每天中午在花店帮忙。他认为女生都是爱花的。

有一天，一对闹别扭的男女来到花店。女方似乎正在气头上，为了给她消气，男方为她买了一束鲜花，但似乎没有从根本上解决问题。

当时在花店的正是我那位同桌，他看出有机可乘，当天晚自习的时候修书一封，上面除了署名之外没有一句是真的。什么"我看到了你，我就看到了春天"，"你就是带给我阳光的人"。

同桌威逼利诱我为他修改了三遍情书，然后在我呕吐之前，带着那封情书兴冲冲地离开了教室。这封情书使他马上有了另一份兼职工作：当第三者。

这份工作持续的时间不是很长，因为那对男女很快就分手了，他堂而皇之地与那位女生手拉着手出现在大庭广众之下。过了几天，他又甩了那女生。我很惊讶地问他原因，因为我以为他是真爱那女孩子的。

"什么真爱，我是为了提高知名度。"他说。

他果真引起了几位校花的注意，她们开始出现在他身边。于是，我的同桌自鸣得意地膨胀了起来，在他衣袋里必备的是梳子和镜子，当然还有票子。就这样，他整日和这些校花们混在一起，自诩为情圣，功课什么的完全丢到了一边。

事后我曾经问过女当事人，她们的回答是："当有一个自作多情的小丑每天献上免费的表演，还有大把的钞票时，有谁会错过啊！"

这位同桌不久就离开了我们，离开了我们的学校，离开了我们的国家，找他的爸妈去了，原因是，他那位年轻的祖母为他添了位叔叔，他有点受不了。

我的第三位同桌是位诗人，他也是转学来的，与前两位不同，他很爱学习，很得老师的器重。

他唯一的爱好是读书，尤其是外国小说。托他的福，我从他那里借来了司汤达、歌德、莎士比亚的名著，这些书给我的影响很大。直到我后来考上了中文系为止，我都十分感激他。

下课之后，他很少出去，而是看书，或者是在纸上涂涂写写。有时是两三句，有时是满满的一页。大多数时候，他会把写下的东西揉成一团扔掉。有时候也会珍藏起来，哪怕只是一句。

这位可爱的同桌在一次英语测验前因为熬夜复习患上了感冒，感冒迅速发展成为肺炎。他不得不休学，去青岛接受治疗。

于是，我再一次成了孤家寡人，被冷落在教室的一角，陪伴我的只有那盆茉莉。那时候，寒假刚刚结束，茉莉经历了冬天的洗礼，枝叶萎缩，无精打采。

我无聊地去翻课桌的抽屉，一本漫画《中华英雄》掉了出来，翻开的那一页上写着："我乃天煞孤星，注定孤老到死……"我叹口气，没心思再看下去，捡起那本书把它丢进了课桌。

教室里忽然一阵寂静，我抬起头，只见班主任领着一个人走了进来。

那是个女孩子，一身雪白的衣服，清雅得如同白梅花。

班主任清了清嗓子，说："同学们，我来给大家介绍一下，这位是新来的转校生……"女孩子转过脸来，给了大家一个甜甜的笑容，然后对老师说："老师，我可以去挑座位了吗？"

声音是那么的清脆悦耳，以至于大家都不愿意发出任何声音去干扰自己的听觉。

"当然可以，你随便坐。"

她的目光扫过教室。全班男生都恨不得自己身边有个空位。

她的目光最终落到了我的旁边。她走过来，我微笑着和她打了个招呼。

"是茉莉啊，不错的花，只是少了点精神。我可以坐在你旁边吗？"她问。"当然可以。"我说。

几个月之后，我那盆茉莉开花了，花朵洁白，素雅。当然，这不只是我一个人的功劳。

我们在细碎的流年里低眉凝眸，书写着明媚而刻骨的欢喜和忧伤，看时光仓促的流转在生命的长河里，把那些隐隐的悲喜，散落在记忆的角落里。珍惜青春，它会在你迟暮的混沌里勾勒出几星鲜活的亮色；善待青春，它会化作记忆，站在你人生必经的每一条路上，给你明媚的阳光。

滑稽的女生

有些情，想放在心间一辈子！如，印记！任凭光阴，悄悄熏染心灵，有些爱，随着气息的流动。抵，心脾，轻触灵魂，慢慢静止！

他看见悬浮的铁轨上，绮绮用一条月光色的链子牵着长颈鹿，慢慢走回家，她一边走一边唱着一首快乐的歌……

"其实，当初并没想要介绍你们认识的。"绮绮回美国去以后，她的表姐带几分歉意与遗憾地说。

阿晨没说什么，他微微地笑，觉得杯中的啤酒难以下咽。和绮绮的相遇就是在啤酒屋里。

挑染了鲜红色短发的年轻女孩鼓着腮帮子，一手托着下巴，另一只手的食指不时在啤酒杯里搅和两下，好生无聊似的。阿晨特意挑了个远一点的位子坐下，不想被忧郁的气氛感染，他假设这女孩因为忧郁所以显得心不在焉。

"是我女朋友的表妹，有点滑稽的女生，从国外回来的，说没看过啤酒屋，就跟着来了。"小邱凑过来向他解释。

"绮绮！喂！绮绮！介绍阿晨给你认识。"表姐一贯热情洋溢地喊着。

阿晨觉得微笑点头好像还不够，不知不觉发现自己伸出了手。绮绮犹豫了三秒钟，右手离开了啤酒杯递给阿晨，带着一朵甜美合宜的笑。阿晨应该考虑要不要握那只啤酒手的，可是他无法抗拒这样的笑意，于是，握住她的刚刚从啤酒里拔出来的手。

"哈，阿晨！"绮绮的声音很孩子气，但不像是刻意撒娇。

她握住阿晨的手，忽然集中起了注意力，盯着他的手背看，好像那上头有一只猫头鹰或者是藏宝图的样子。连阿晨的好奇心也萌生起来，他觉得自己也该看一看。绮绮忽然抽出手，以极迅捷的速度，用指尖刮过他的手背，拈起什么东西，浸泡在啤酒杯里。

"干吗啊？"表姐嚷嚷着。

"我的鱼跑出来了，现在，我把它捉回去了。"绮绮说。

"哇哈哈……"小邱笑得好高兴，靠近阿晨，"够古怪吧。"

阿晨用力盯着绮绮的啤酒杯，看不见一条鱼的踪迹，可是，绮绮又继续在啤酒里绕行她的手指头了。阿晨于是知道她一直都在跟她的鱼玩着，纵使，也许那条鱼是别人看不见的。

那夜他们一群人玩到很晚，阿晨住木栅，被分配送住政大的绮绮回家。上车以前，绮绮停下来看阿晨的嘉年华车窗上挂的迷你T恤，小衣裳上写了几行字：等我长大以后我要变成凯迪拉克。绮绮用英文询问清楚这几句话的意思以后，笑得伏在行李箱上起不来："Oh! My God!"她笑得眼泪都流了出来，"好棒的车！你长大以后一定会变成凯迪拉克的……"她拍着车门，像跟一个准备联考的孩子说话一样，跑跑跳跳地上了车。

接近政大时，她指着远处的灯光问："那里是不是动物园？"

"你想去看一看吗？"

他车上的小T恤，是失恋后一个人开车去垦丁，逛进一家个性商店买的，挂了快一年了，没人有过这么激烈的反应，绮绮的反应让他忽然升起一股知己之情，整个人也变得体贴柔软起来了。

车子驶过动物园门前，绮绮问："我们可以进去吗？"她的声音小小的。

"关门了，我们进不去。"阿晨发现自己的嗓门也压得好小，好吃力。

"我们可以爬墙进去。"

"不行！动物都下班了，我们又没付加班费，它们不给看的。"他像跟小孩说话一样地跟绮绮说。

"这是捷运吗？是不是捷运？"绮绮的注意力已然转移。

"这是捷运，可是太晚了，没有车了。"

"哇……"她的叹息声很特别，"好大的弯道哦，一定很好玩，我最喜欢有捷运和地铁的城市了。"

"你一定最喜欢台北，因为我们有全世界造价最贵的捷运。"

"那好棒哦。"

后来，他们约了一起去动物园，以及搭捷运。

阿晨知道了绮绮的事。她小学毕业以前都是外公外婆带的，像个小公主一般受宠，天天有说不完的童话故事。后来，长年在国外经商的父母亲，接了绮绮去共同生活，绮绮因为不能适应，变得自闭，常常沉浸在自己的世界里。她表姐说她父母的感情不好，她又没有兄弟姐妹，一定是太孤独了。她回来探亲度假，全家人都宠着，尤其是她的外公外婆。

阿晨还是约她，并发现如果一直找话题跟她说，她就没时间东想西想，想出一堆有的没有的。

有时候他下班已经十点多，便约她去动物园捷运轨道下的河堤聊天。他们一起仰头看四节车厢从头顶经过，光亮混着声响，像一枚巨大的流星，缓缓地从低空飞过。

绮绮仰头专注地看列车，阿晨悄悄看她光洁小巧的下巴，弧度优美的颈项。

下一次，他对自己说，下一次列车经过的时候，我一定要吻她。

可是，绮绮眨动着睫毛的样子看起来太无邪，他明明知道她已经二十四岁了，还是觉得她像未成年少女。他建议她下次把红色的挑染发丝换成白色，也许会比较成熟，然后他也比较不会有罪恶感。

一群人去唱KTV的时候，绮绮一支歌也不唱，只是坐在那里恪尽本分地喝饮料，不一会儿就把欢乐壶喝光了。又不唱歌，阿晨不知道她喝那么多干什么。

坐在河堤上，阿晨说："现在没有人，你唱一首歌给我听吧。随便唱一句也行，我听不懂的也可以。"

绮绮说她没有歌可以唱，她不会唱任何一首歌。

"那么，将来我想起你的时候，一首歌也没有了。"

"你想我干吗？"绮绮抱着膝。

阿晨的沮丧与受伤的感觉一起涌上来，他自暴自弃地："对啊，我干吗那么无聊，朋友一大堆，不必想起你的……"说完了，一点都没有挽救摇摇欲坠的情绪，反而更加挫折。

呼……捷运列车从头顶经过。阿晨沉笃着声音，下定决心地说："绮绮，我喜欢你。"

仰着头的绮绮转回头看住阿晨，她说："你说什么，我听不清楚。"

还有没有勇气再说一次呢？

"我说，我喜欢你。"

绮绮撑着从堤上跳下来，走向他还没变成凯迪拉克的车，说："喜欢不是爱。"

那一夜开始，阿晨认真思索，喜欢和爱之间，到底有些什么不一样？

是否因为她真的挺奇怪的，所以他只是喜欢她，还没爱上她？

她的奇怪是因为她眼中的世界和大家都不同。看着最后一班地铁进站，灯火通亮的车厢里，几乎一个人都没有，绮绮便说："这是动物园专用的车，猩猩啦，河马啦，骆驼啦，老虎狮子啦，通通回动物园的家了。"

当她这么说的时候，仿佛真的看见扶老携幼的动物们，鱼贯地走出车门，下了阶梯，进入动物园大门。

"每个动物都回家了，只有我和长颈鹿不能回家……"她忽然悲伤起来。

"为什么长颈鹿不能回家？"

"车厢太矮了，长颈鹿怎么塞得进去啊？"

"那，你为什么不能回家？"

"我不知道家在哪里。"

暑假结束之前，他送她回家，下车以后，她绕到驾驶座旁，对他说："拜拜！凯迪拉克！拜拜！"

同时，她轻轻吻他的脸颊。下一次见面，不管有没有捷运，我一定要吻她。阿晨对自己盟誓。

但，他没有机会，因为绮绮回美国去了，她留下地址请表姐转交给他。阿晨有一种很奇怪的虚无之感，一个没有国度，没有歌曲，也没有家的女孩，一个永远不肯长大的女孩，前几天还质疑过喜欢与爱，接着就不告而别了。他没有和她联络，只把这样的一场相遇当成梦，此刻，梦醒了。

可是，看见捷运，还是忍不住想起动物搭捷运回家这一类的话，想着想着便一个人笑了起来。

又在啤酒屋碰见小邱和绮绮的表姐，小邱告诉他，那个怪表妹回国以后进医院治疗去了，不知道这一次能不能把那些稀奇古怪的念头治干净。然后，表姐说，当初并没有意思介绍他们认识的。

阿晨慌慌张张地喝着啤酒，想到绮绮那样可爱的笑脸，却一直忍受着一些摆脱不掉的困扰，他的内心涌动着一种难以形容的缠绵痛楚，这，难道就是爱了？果然与喜欢是不一样的。

他们到底要把绮绮治成什么样子啊？

那夜他梦见了绮绮。

第二天便写了一封信，告诉绮绮，在捷运最末班车之后，在猩猩、河马、骆驼、狮子、老虎都下车以后，他看见悬浮的铁轨上，绮绮用一条月光色的链子，牵着长颈鹿慢慢走回家，她一边走一边唱着一首快乐的歌，原来，她的歌声如此悦耳动人。

如果长颈鹿要回家，一定会有办法的。

如果绮绮要回家，也一定办得到。

一段感情里，最怕的就是一个人很忙，一个人很闲，一个人的圈子很大，而另一个人只有他，一个人心思敏感，而另一个人又不爱解释。彼此关系逐渐疏远，不是因为不爱了，而是因为差异太大造成的矛盾和误会让彼此都累了。

迈过那青春的门槛

    岁月荏苒，我们终于站在了青春的门槛前，这是一个令人羡慕又让人担忧的年龄。青春的激情带有几分单纯，求新的热望夹杂着一份冲动。有时热情似火，有时心静如水；有时迷茫似雾，有时开阔如海；冲动而又热忱，容易沮丧而又很快兴奋——这是青春的味道。

    有一个青年，他想画一幅题为《青春的门槛》的画。他画了无数次，撕毁了无数次，久久地没有画成……

    因为他心里淤塞着一团乱麻般的思绪，他怕迈出那青春的门槛，怕失去还没有享受够的青春……

    是啊，青春的美好，不必详尽地铺陈，单单想到这一点便令人心醉——青春是一种特权！

    "他还年轻！"这是人们对青春期中的红男绿女的一种覆盖面极宽的赦免。可以任由他们糊涂一点，马虎一点，浪漫一点，淘气一点，懒惰一点，疯狂一点……

    无妨犯一点错误，或者无妨耍一点脾气，肆无忌惮地笑，尽情尽兴地哭……因为他们正当青春，所以不要苛责他们！

    "我还年轻！"这是自己对自己的一种几近于全面的谅解。以后的事情以后再想，以后再谈。让世界只是一幅画，生活只是一首歌，理想只是朦胧的朝霞，事业只是远方的车站……

因为我们正当青春，所以只管扭动欢快的舞步！

然而岁月匆匆，一个那样的日子终于来临——脚尖触到了门槛，青春的门槛！

抬头一看，门槛外面是一个惊心动魄的世界。

迈出那门槛，责任和义务将沉重地压到肩头；原来只觉得别扭而从未深究过的他人的目光，逼近面前，不得不认真地加以剖析；啊，人际关系如此错综复杂，而自己终于不能再加回避；没有人轻易对你谅解和宽恕，连自己也不能不对自己的一言一行一颦一笑细加反刍审评；感情世界竟也变得如此扑朔迷离，原来绝不能轻言友谊和爱情；道德是生活这个大鱼缸的玻璃外壁，原以为看似透明无妨穿游，却原来无比坚硬不许超越；世界不是一幅画而是一种复杂深奥的存在，生活不是一首歌而是一张难以答好的考卷，理想必须明晰并切实地作出抉择，事业是一趟已经开来不抓紧时间努力登上去便要迅即开走的列车……

啊，青春的门槛！

狂跳的心啊，你能不能平静些，告诉我，告诉我，能不能不迈将过去？怎样迈将过去？……

你怎能不迈过那青春的门槛？那是无可回避的。世上有那样一种人，他年龄早已超过青春期，但心理结构和为人处世水平仍停留在青春的门槛以内。这种人常常因不能适应社会、生活、他人而被视作低能儿，永远保持青春的活力是非常美好的，永远保持青春期的心理结构和为人处世水平，特别是超越青春期仍建立不起坚实的信仰、理想、道德观和事业心，那就不但不称其为美好，甚至要堕入丑陋和丑恶了！

你必须迈过那青春的门槛！

当你脚尖触到青春的门槛时，你必须勇敢地失去青春！

只有丢失青春，才能换取成熟。

只有任仲春的劲风吹落花瓣，才能在骄阳中结出你青色的幼果。

怎样迈过那青春的门槛？

要义无反顾。青春诚美好，但青春必凋零。迈过去！敢于用你还不够坚实的肩膀，承受社会压下来的责任和义务；敢于面对复杂多变的社会生活；敢于迎接微妙的眼神、莫测的心机与需要仔细破译的话语；敢于在感情世界里经受痛彻肺腑的考验；敢于树立起宏大的理想目标；敢于以坚韧的毅力和奋发的进取开创出时代、祖国和人民所需要的业绩……

　　要欢欣鼓舞。青春诚美好，但青春的门槛那边更奇妙。花儿落了，会有果实。最初的果实的确是苦涩的，甚至是丑陋的，然而果实比花朵更有价值，随着新的岁月中的奋斗，果实将逐渐硕大、逐渐饱满、逐渐光彩照人、逐渐果香四溢——青春如花，点缀得这个世界缤纷似锦，但主要是供于观看；青春后的生命果实，使这个世界变得滋养，并通过种子延续着人类的文明，它就不仅是供于观瞻而是创造出新的生命……迈过青春的门槛，在失落的痛苦之后，又将获得多么大的快乐！预支一部分那至高的快乐吧，果断而敏捷地迈过青春的门槛！

　　有一个青年，他想画一幅题为《青春的门槛》的画。他画出了一个高耸的门洞，门洞这边是一个撑壁犹豫的青年，门洞外的强光勾勒出他的剪影，他正待迈出那门洞下的门槛却还缺乏最后的一束勇气——而门洞外是一眼望不清的缤纷世界，显得神秘莫测……

　　他该怎样才能把这幅画儿画得更好呢？

　　年轻的朋友们啊，让我们一起帮他来画吧！

　　成长，让一切变得猝不及防。我们站在青春的门槛前，一边是少年的清纯，一边是成人的沧桑。当我们以纯真的自我融入社会，一时间，成长的烦恼与压力就变得无处不在。而迈过青春的门槛，就必须要义无反顾地前行。我们的人生，便是在对烦恼的不断承受、克服、化解中一天天蜕变、成长、定型的，从懵懂无知到肩负责任，坚定前行。